国家社科基金教育学一般课题"区域推进现代海洋教育的探索与实践"（BHA140113）成果

中小学海洋教育精品拓展课程丛书

海洋经济与海洋体育

HAIYANG JINGJI YU HAIYANG TIYU

徐朝挺　主　编

周军海　蒋芬幸　副主编

海洋出版社

2021年·北京

内 容 简 介

主要内容： 本书包括海洋气象、海洋旅游、海洋经济、海洋交通和海洋体育 5 个专题。每个专题通过 8~10 课时，根据各自情况，分别介绍了基础知识、发展要素、影响因素、分类情况、发展前景及细分门类等内容。

本书特色： 图文并茂、知识详细、案例丰富，力图在强调知识性、趣味性与拓展性的同时，使学生掌握多领域的海洋知识。

适用范围： 可作为中小学海洋教育知识读本，也可供各地读者自学使用。

图书在版编目（CIP）数据

海洋经济与海洋体育 / 徐朝挺主编. -- 北京：海洋出版社,2021.1
（中小学海洋教育精品拓展课程丛书 / 周磊斌主编）
ISBN 978-7-5210-0705-3

Ⅰ. ①海… Ⅱ. ①徐… Ⅲ. ①海洋－青少年读物Ⅳ. ①P7-49

中国版本图书馆 CIP 数据核字(2021)第 004011 号

责任编辑：张鹤凌	发 行 部：（010）62174379
总 编 室：（010）62114335	（010）68038093
责任印制：赵麟苏	网 址：www.oceanpress.com.cn
排 版：北京润鹏腾飞科技服务中心	承 印：中煤（北京）印务有限公司
出版发行：海洋出版社	版 次：2021 年 1 月第 1 版
	2021 年 2 月第 1 次印刷
地 址：北京市海淀区大慧寺路 8 号	开 本：787mm×1092mm 1/16
100081	印 张：13.75
经 销：新华书店	字 数：230 千字
技术支持：（010）62100057	定 价：67.00 元

本书如有印、装质量问题可与发行部调换

本社诚征教材选题及优秀作者，邮件发至 hyjccb@sina.com

编写委员会

我国既是陆地大国，也是海洋大国，拥有广泛的海洋战略利益。经过多年发展，当前我国海洋事业总体上进入了历史上最好的发展时期。这些成就为我们建设海洋强国打下了坚实基础。2013年，习近平总书记就指出：建设海洋强国是中国特色社会主义事业的重要组成部分。要进一步关心海洋、认识海洋、经略海洋，推动我国海洋强国建设不断取得新成就。党的十九大做出了加快建设海洋强国的重大部署，对实现全面建成小康社会目标、进而实现中华民族伟大复兴都具有重大而深远的意义。2020年3月29日，习近平总书记在宁波舟山港穿山港区考察时指出，宁波舟山港在共建"一带一路"、长江经济带发展、长三角一体化发展等国家战略中具有重要地位，是"硬核"力量。要坚持一流标准，把港口建设好、管理好，努力打造世界一流强港，为国家发展做出更大贡献。

为了更好地落实国家海洋强国战略，2020年，浙江省政府工作报告提出"谋划建设全球海洋中心城市"，由宁波、舟山分别启动全球海洋中心城市建设。这是浙江省坚持"八八战略"，建设"海上浙江"的重中之重，更是将浙江建设成为新时代全面展示中国特色社会主义制度优越性的重要窗口的最重要内容之一。

2020年11月，党的十九届五中全会在《中共中央关于制定国民经济和社会发展第十四个五年规划和二〇三五年远景目标的建议》中再次指明要"坚持陆海统筹""发展海洋经济""建设海洋强国"。

随着从国家到地方一系列海洋战略的部署与实施，对舟山全体教育工作者来说，如何进一步提高中小学生及广大人民群众的海洋意识，开展中小学海洋教育实践，为各级海洋战略提供基础人才支撑和营造良好的海洋治理氛围，是所有教育人士迫切需要面对的问题。

为此，普陀区教育局从 20 世纪 80 年代开始就致力于区域推进海洋教育的探索，先后开展了海洋环保教育、海洋可持续发展教育，并于 2011 年提出推进现代海洋教育的思路，相应的课题也入选 2014 年度全国社会科学基金课题，所编写的中小学海洋教育地方课程《现代海洋教育读本》也顺利出版。2018 年，"区域推进中小学现代海洋教育普陀样板的实践研究"入选舟山市首批教育品牌孵化培育项目后，普陀区教育局在与宁波大学等高校合作培养海洋教育教师、开发中小学现代海洋教育拓展课程、开发区域海洋教育资源、开展海洋教育教学等方面又做了大量的探索与实践。2019 年，普陀区教育局组织一线教师编写出版了《中小学海洋教育理论与实践》，书中呈现了普陀教育工作者对中小学海洋教育的认识与价值取向、对海洋教育的实践与思考。

本丛书是中小学教师在开发海洋教育拓展性课程过程中认识、思考与实践的成果。根据课程特点，丛书分为四册：《海洋艺术与制作》《海洋美术与文学》《研究性学习与海洋环境保护行动》《海洋经济与海洋体育》。这些都是一线教师们集体智慧的结晶。

期望本丛书的出版能对广大中小学开展海洋教育、教师开发海洋教育拓展性课程起到一定的借鉴作用。

2020 年 8 月

前/言

中国是一个海洋大国，我国主张管辖的海域面积约 300 万平方千米，相当于陆地面积的三分之一。在 1.8 万千米的大陆海岸线和 1.4 万千米岛屿岸线上点缀着数十个港口城市及无数的美丽渔村。在距海岸 200 千米的沿海地带，生活着约 5.6 亿人口——优良的地理位置和人口因素使沿海地带在我国国民经济中占有举足轻重的地位。这里特有的海洋经济已经成为国民经济的新发展极。党的十九大报告明确指出"坚持陆海统筹，加快建设海洋强国"。建设海洋强国，须根植于民众之中，实践于民众之中。要不断提升全民海洋意识，强化民众的海洋强国教育。舟山市普陀区教育局自 20 世纪 80 年代开始实施区域推进中小学海洋教育，至今已有 40 余年，其间培养了大量的海洋事业建设者和接班人，更是为舟山群岛新区建设贡献了基础教育的力量，也为全国中小学实施海洋教育提供了普陀样板。海洋教育的研究成果多次在国内外相关会议进行学术交流和在核心学术期刊发表，这些成果曾获浙江省基础教育教学成果奖项，相关成果《中小学海洋教育理论与实践》也成功出版。

近年来，在海洋意识与海洋知识普及的基础上，经过不断深化和拓展，普陀区教育局开发了大量的海洋教育拓展课程。经筛选和教学实践检验，整理出 17 门中小学海洋教育精品拓展课程资料进行出版。这些课程组成四个分册，分别是《海洋艺术与制作》《海洋美术与文学》《研究性学习与海洋环境保护行动》《海洋经济与海洋体育》。

本册是《海洋经济与海洋体育》，主要包括五个专题：海洋气象、海洋旅游、海洋经济、海洋交通和海洋体育。每个专题通过 8~10 个课时，详细介绍了海洋气象相关知识、海洋气象灾害的预防与自救；海洋旅游的简要发展过程与发展趋势；当前海洋经济发展概况、我国海洋经济主要发展模式及未来的发展趋势；海洋交通简要发展历程、海洋交通安全与管理；海洋体育的主要形式、发展状况与趋势等。

本册由徐朝挺担任主编，周军海、蒋芬幸担任副主编。具体编写分工如下：专题一海洋气象由陈君芬编写，专题二海洋旅游由朱荷燕编写，专题三海洋经济由童海斌编写，专题四海洋交通由蒋韩燕编写，专题五海洋体育由胡可通、廖军编写。

在编写过程中参考了大量文献，参阅了很多的海洋教育相关书籍，得到了众多海洋专家和教育专家的帮助，在此一并表示感谢。编者学识有限，难免有疏漏和不妥之处，敬请指正。

徐朝挺

2020 年 8 月

目/录

专题一　海洋气象

　　海洋和大气间存在着持续的动量、热量、物质的交换，由此引发了各种海洋气象的形成。海洋气象主要指海洋上的各种大气现象——海洋及巨大水域上的天气现象和天气系统，其要素主要包括：风、雨、风暴、云雾、海冰等。海洋气象与人类的生活和生产息息相关，不仅影响海上交通运输、渔业生产养殖、海岛旅游、海洋捕捞作业等行业工作的开展，海岛、海岸一带的居民的生活等也会不同程度地受到影响。

　　本专题主要介绍几种对人们的生产生活影响较大的海洋气象，包括海风、台风、海浪、风暴潮、海啸、海冰、海雾以及"厄尔尼诺"和"拉尼娜"现象等，并从成因、影响及应对等方面进行较为详细的阐述。

　　学习目标：了解海洋气象的相关知识，能利用海洋气象更好地进行生活及生产活动；学会在海洋火害天气中保护自己及家人的生命和财产安全；能主动关注海洋气象，让它为人们的生活生产服务。

一、海洋气象概述

蔚蓝色的海洋上空的大气，既有"秋水共长天一色"的壮丽景象，也有狂风怒号、浊浪排空，让人魂飞胆丧的恶劣天气。海洋气象学是气象学的一个分支，主要研究海洋上的各种大气现象，包括海洋及其上方的天气现象和天气系统、海洋与大气相互作用、海上风暴潮、海浪等。

（一）海洋气象学发展史

海洋气象学与人类的生活和生产息息相关，它的早期发展源于航海事业的需要。早在公元前5—前4世纪，希腊人就已利用地中海特有的季风，往返于爱琴海和埃及；后来，不仅利用季风张帆航海，还把季风和陆上的天气变化联系起来。15世纪末，哥伦布几次横渡大西洋时，注意到大西洋上信风和海流的存在。17世纪中叶，德国学者A.基歇尔绘制全球海流图，指出了大洋环流和信风的关系。英国学者W.丹皮尔通过对台风的观察，提出了台风是有静稳中心的旋转性风暴等观点。此后，他们整理了全球航海记录，编写出了有关海洋气象的专著。到了18世纪，英国学者G.哈德莱提出南北两半球的信风理论。19世纪初，英国海军将领F.蒲福（图1-1）根据自己长期航海的经验，总结出蒲氏风级表。随后美国海洋学家M.F.莫里根据航海日志绘制了风和海流图，并出版了《海洋自然地理学》一书，专门讨论海洋气象的各种问题，为这门科学勾勒出初步轮廓。

图1-1 英国海军将领F.蒲福

在 19 世纪中叶至 20 世纪中叶的 100 多年时间里，广大气象工作者的工作，为现代海洋气象学奠定了基础。1853 年，在比利时布鲁塞尔召开的国际气象会议决定，航行于海上的船只必须定时进行气象观测并作出报告，从此海洋气象资料有了保障；随后，英国"挑战者"号科学考察船对大西洋和太平洋进行了全面的海洋水文气象调查；德国汉堡的海洋气象台，建立并发布了北海沿岸的暴风警报体系。20 世纪初，挪威气象学家 V. 皮耶克尼斯等人提出气旋生成的"极锋学说"，形成气象学界独树一帜的学派；美国气象局编制的全球海洋气候图集，则为人们研究海洋气候提供了便利。

第二次世界大战（简称二战）以后，海洋气象观测技术和手段不断进步，特别是卫星遥感技术和大型电子计算机问世并得到广泛应用，由此开创了海洋气象学发展的新纪元。联合国还专门设立了政府间海事协商机构［即 IMCO，后改名为国际海事组织（IMO）］和国际气象中心（IMC）。世界气象组织（WMO）也设立了海洋气象委员会。这些措施有效保证了国际间的大力协作，促使海洋气象学得到迅速的发展。

自 20 世纪 60 年代以来，相继由一国和多国联合组织并进行了多次大规模的海上立体观测实验，例如巴巴多斯海洋学和气象学实验（BOMEX）、全球大气研究计划（GARP）、气团变性实验（AMTEX）、世界气候研究计划（WCRP）等，并开展了海洋环流、大气环流和海洋与大气的相互作用的数值实验研究，使海洋气象学从以描述为主的定性阶段过渡到定量的实验研究阶段。

作为美国国家气象局的下属单位，海洋气象中心（OPC）从 1995 年开始提供海洋要素客观分析和预报产品。OPC 主要承担北大西洋和北太平洋的海洋预报预警工作。

1999 年，在第 13 届 WMO 大会和第 20 届 IOC（即政府间海洋学委员会）会议上正式确定成立海洋学与海洋气象学联合技术委员会（The Joint WMO/IOC Technical Commission for Oceanography and Marine Meteorology，JCOMM）。初期阶段是将 WMO 海洋气象委员会（CMM）和全球综合海洋服务系统（IGOSS）合并为新机构，这个机构目前属WMO 的 8 个技术委员会之一。JCOMM 的职能是将世界海洋观测、数据管理、服务系统充分集成，进行国际协调、发展和推荐各种标准与规范化流程。通过该机构，联系国际气象学和海洋学领域，通过海洋气象相关数据管理与共享，交流各种海洋气象服务产品，共同应对国际海洋观测与服务面临的各种需求。

2016 年 2 月 24 日，国家发展和改革委员会、中国气象局、国家海洋局联合印发《海洋气象发展规划（2016—2025 年）》（以下简称《规划》）。《规划》明确了全国海洋气象发展的指导思想、发展目标、规划布局和主要任务，对气象、海洋等部门建立共建共享协作机制进行了安排，是未来 10 年全国海洋气象发展的基本依据。为应对海洋气象灾害，我国自 20 世纪 60 年代起就开展了海洋气象业务。经过几十年的建设，已初步建立起由观测、预报、服务、信息网络等组成的海洋气象业务体系，台风预报预警等领域接近国际先进水平。但海洋气象整体业务能力尤其是海上气象观测、远洋服务等与世界先进水平相比，尚存在较大差距，还不能满足我国海洋强国发展战略日益增长的需求。针对这些问题，《规划》提出，到2025年，我国将逐步建成布局合理、规模适当、功能齐全的海洋气象业务体系，实现近海公共服务全覆盖、远海监测预警全天候、远洋气象保障能力显著提升，即近海预报责任区服务能力基本接近内陆水平，远海责任区预报预警能力达到全球海上遇险安全系统要求，远洋气象专项服务取得突破，科学认知水平显著提升，基本满足海洋气象灾害防御、海洋经济发展、海洋权益维护、应对气候变化和海洋生态环境保护对气象保障服务的需求。

(二) 海洋和大气

海洋和大气的动力学方程组非常相似。太阳辐射为海洋和大气的运动提供了最基本的能量，大气运动形成了风，而海洋上层的流动就是在风的作用下产生的。因此，大洋中的海流与上空大气系统具有很好的对应关系。在北太平洋，中纬度以南的风生漂流基本形成顺时针的环流，对应大气中的西太平洋副热带高压；而中纬度以北，基本形成逆时针的环流，对应北太平洋阿留申群岛上空的低压；在赤道附近的东风作用下，海洋中存在向西流动的南赤道和北赤道流；在中纬度西风带，对应的是西风漂流等。

研究表明，海洋吸收了进入地球大气系统太阳辐射量的70%，并将其中的85%储存在海洋表层，再以辐射加热、对流等形式输送给大气，成为大气运动的直接能源。因此，海洋是地球气候系统的最主要组成部分，海洋在气候变化中主要起到能量库、空调器、热量输送带等重要作用。从地面到大气顶部的气柱中蕴含的热量与从表面向下3 m深海水柱中所含的热量近似相等。由于海水的比热容较大，海洋的温度变化比大气慢得多。冬季海洋为冷空气加温，夏季海洋为暖空气冷却，使季节变化和缓了许多，最直接的体现就是临海城市冬暖夏凉。海洋中的海流还会将热量向高纬度输送，没有海流的输送，欧洲、加拿大西部的气候要比实际寒冷得多。另外，大气中的绝大部分水汽来自海洋，没有海洋水汽的供应，陆地上将会出现更多的不毛之地。由此可见，海洋对全球气候产生的影响至关重要。

(三) 海洋性气候

海洋性气候与大陆性气候相比，前者是一种受海洋影响更为明显的气候类型。它是指在受来自海洋的气流影响明显的地区，气温的年较差和日较差都较小，降水明显偏多的气候。在海洋性气候的作用下，气候终年湿润，年平均降水量比大陆性气候多，而且季节分配比较均匀。降水量比较稳定，年际变化不大。

由于海洋气候带是关于赤道对称的，从赤道向两极，可细分为赤道海洋性气候带、热带海洋气候带、副热带海洋气候带、温带海洋气候带、寒带海洋气候带以及极地海洋气候带。

1. 赤道海洋性气候带

赤道海洋气候带位于 10°N—10°S。由于位于赤道附近，这种气候带内太阳辐射强烈，空气以上升运动为主，水平风力微弱，终年气温高、湿度大、云量多、降水量大。降雨的时间多出现在夜间或午后，而且以阵发性降水为主。

2. 热带海洋气候带

热带海洋气候带主要出现在 10°N—25°N、10°S—25°S 信风带大陆东岸及热带海洋岛屿上。这个气候带风力比较稳定，大洋东部受冷海流的影响，气温不高，夏季为 24~26℃，冬季为 20~26℃，湿度大、降水少，年降水量仅为 100~150 mm，雾多，近岸有沙漠。大洋西部受暖海流影响，气温高、湿度大，有由大量对流云组成的热带云团，常出现大风和暴雨。

3. 副热带海洋气候带

季节变化明显是副热带海洋气候带的显著特征。大洋东部夏季天气凉爽干燥，冬季盛行西风，常出现气旋和锋面，雨量较夏季显著增大。大洋西部一般为季风气候，夏季高温多雨，冬季低温干燥。

4. 温带海洋气候带

温带海洋气候带主要分布于副热带海洋气候带和寒带海洋气候带之间，是中纬度海域季节变化显著的地带。该气候带终年盛行西风，风力强劲，气温变化和缓，冬无严寒，夏无酷暑。全年气旋活动频繁，降水较多。大洋东部冬暖夏凉，温度较高，降水较多；大洋西部受季风影响，冬季寒冷干燥，夏季温暖湿润，多降水。

5. 寒带海洋气候带

寒带海洋气候带主要分布在高纬度海域，位于温带海洋气候带和极地海洋气候带之间。该气候带冬季寒冷，一般气温为 0℃ 左右；夏季凉爽宜人，气温为 0~10℃，常年盛行东风，降水少，年降水量平均只有 120 mm 左右。

6. 极地海洋气候带

极地海洋气候带主要分布在北冰洋和南极洲大陆边缘洋面地区。温度低是该气候带的最大特点，大部分地区常年冰雪，北极海区 1 月平均气温为 -32℃，盛行东风；南极沿海年均气温为 -10℃，盛行风为南风。夏季有永昼现象，多低压活动，太阳辐射可以消融冰雪，但作用有限。极地海区的降水量不大，寒冷干燥的气候使得人类难以在这里生存。

(四)海洋气象与海洋灾害

海洋气象对航海、渔业、盐业、港湾设计与生产等有着密切的关系。台风、风暴潮、灾害性海浪等极端的海洋气象会对人类的生命财产、生产和生活基础设施、国防建设等造成直接、间接损害。

随着气象和海洋卫星的发射并投入业务使用，人们可以在(地球大气)外层空间的不同高度上对大气和海洋进行大范围、均匀的实时观测，直接或间接地获得海洋上空各层的大气温度、湿度、风速、云雾、降水、海面温度、海面风速、海浪、海流、水位和海冰等各种要素的观测值，对海上龙卷风、热带风暴、温带气旋等灾害性天气系统进行严密的监测，为海洋气象的研究和业务工作提供保障。

海洋灾害主要有灾害性海浪、海冰、赤潮、海啸和风暴潮；与海洋与大气相关的灾害性现象还有"厄尔尼诺"现象、"拉尼娜"现象、台风等。

我国华南沿海是海洋灾害最严重的地区之一，近年来受全球气候变化及海平面上升的影响，该地区各类海洋灾害频发、灾度加大，海洋防灾减灾工作面临越来越大的压力和挑战。

二、海风

在气象学上，把沿海地带白天从海上吹向陆地的风称为海风，与陆风相对。由于海风和陆风都是比较平和的风，因此被称为海陆清风。一般的海风风力并不大，仅2~3级，而且，海风的覆盖范围并不广，水平方向至多不过几十千米，高度也只有几十米，所以对内陆影响不大。

(一)海风的形成

由于地球的形状和旋转规律，不同纬度的地区接收到的太阳辐射会有比较大的差别。在海洋面积广大的赤道地区，由于地球表面接收到的太阳能量多，上空的大气被海洋表面加热后，就会携带大量的水汽上升到高空并引起海平面气压的下降；上升区域以外其他气压相对较高地区的空气在压力差的作用下流动到上升区进行补充，于是产生了沿地球表面流动的风。

海风的形成，是由于海、陆性质的不同造成的。白天在太阳的照射下，陆地升温很快，陆上气温比海洋高，空气受热膨胀变轻而上升，使低层气压降低，高空气压升高；而海洋上则正好相反，低空气压升高，高空气压降低。这样，在海、陆交界的小范围内，大气底层海面气压高于陆地，在不考虑其他因素的情况下，空气总是从气压高处流向气压低处，也就是风从海面吹向陆地，这就是海风(图 1-2)。

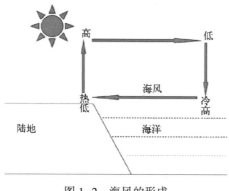

图 1-2　海风的形成

海面上的风速要大于陆地。当陆面温度与海面温度相差不大的时候，海面对风的摩擦阻碍作用小得多，所以海面风速较大；当海水温度高于陆地表面温度的时候，气旋等低值天气系统入海后，由于凝结潜热释放对系统发展有促进作用，使风速增大。这也是夏季海上风暴强度大于陆地的原因。

(二) 海风的风力测定

通常，人们根据风力的大小，将其分成 13 个等级(0～12 级)。1964 年后，风级已增至 18 个等级(0～17 级)。风速与风力的换算关系式为：风速$(m/s) = 0.835 \cdot F^{1.5}$，式中 F 为风力等级数。风速为该风等级的中数(取整数)，指相当于 10 m 高处的风速。

早在 17 世纪发明的风力观测仪器已经可以较为准确地测量风速。1805 年，蒲福提出"风级"的概念，每一级风对应不同的风速范围。这种风级表直到现在还在使用。蒲福是通过观察海面现象对风力进行分级的，对应陆地或海洋特征，从树木沙石的变化、海面波涛的起伏中，可以判断出风速大小(表 1-1)。

表 1-1　蒲福风级表

风级	名称	风速范围/(m/s)	陆上特征	海上特征	海岸情形
0	无风	0～0.2	静，烟直上	海面如镜	风静
1	软风	0.3～1.5	炊烟可表示风向，风标不动	海面有鳞状波纹，波峰无泡沫	渔舟正可操舵
2	轻风	1.6～3.3	风拂面，树叶有声，普通风标转动	微波明显，波峰光滑未破裂	渔舟张帆时速 1～2 nmile

风级	名称	风速范围/(m/s)	陆上特征	海上特征	海岸情形
3	微风	3.4~5.4	树叶及小枝摇动，旌旗招展	小波，波峰开始破裂，泡沫如珠，波峰偶泛白沫	渔舟渐倾侧时速3~4 nmile
4	和风	5.5~7.9	尘沙飞扬，纸片飞舞，小树干摇动	小波渐高，波峰白沫渐多	渔舟满帆，时倾于一方以利于捕鱼
5	清风	8.0~10.7	有叶的小树摇摆，内陆水面有小波	中浪渐高，波峰泛白沫，偶起浪花	渔舟缩帆
6	强风	10.8~13.8	大树枝摇动，电线呼呼有声，举伞困难	大浪形成，白沫范围增大，渐起浪花	渔舟张半帆，捕鱼须注意风险
7	疾风	13.9~17.1	全树摇动，迎风步行有阻力	海面涌突，浪花白沫沿风成条吹起	渔舟停息港内，海上需船头向风减速
8	大风	17.2~20.7	小枝吹折，逆风前进困难	巨浪渐升，波峰破裂，浪花明显成条沿风吹起	渔舟在港内避风
9	烈风	20.8~24.4	烟囱、屋瓦等将被吹损	猛浪惊涛，海面渐呈汹涌，浪花白沫增浓，能见度降低	机帆船行驶困难
10	暴风	24.5~28.4	陆上不常见，见则拔树倒屋或有其他损毁	猛浪翻腾、波峰高耸，浪花白沫堆集，海面一片白浪，能见度减低	机帆船航行极危险
11	狂风	28.5~32.6	陆上绝少，有则必有重大灾害	狂涛高可掩蔽中小海轮，海面全为白浪掩盖，能见度大减	机帆船无法航行
12	飓风	大于32.7	陆上几乎不可见，有则必造成大量人员伤亡	空中充满浪花白沫，能见度恶劣	骇浪滔天

(三) 海风的影响及作用

对航海安全影响最大的气象要素主要是风以及由风导致的波浪、海流等其他因素。在蒲福风级表中，不难发现海风对海上作业、海上航行的影响。除此之外，海风对人类的生产和生活还有着其他的影响及作用。

1. 海风的腐蚀作用

海风比陆风携带更多的水分，所以湿度更大，加之其中溶解的各种无机盐，对建筑物、岩石以及轮船、集装箱等金属物品有一定的腐蚀作用；而且由于海边的阳光辐射比内陆更强，经常吹海风，对皮肤伤害较大。

2. 海风的咸味

海洋的特殊气味来自海中细菌新陈代谢产生的气体，这些原因是科学家不久前才发现并确认的。许多细菌能在浮游生物和海藻等海洋植物死亡后吞噬它们的腐败物，同时产生一种名为二甲基硫醚的物质。这种物质具有刺鼻的气味，从而使海洋空气带有一种咸腥味，并成为海洋气候的特征，还有助于某些海洋动物寻找食物。

3. 海风里的能量

海风里蕴藏着巨大的能量，可用于发电。海上风电具有资源丰富、发电利用小时数高、不占用土地、不消耗水资源以及适宜大规模开发等特点（图1-3）。有报告显示，风电方面，2018年全国风电新增并网容量2059万kW，累计并网容量达1.84亿kW，占全国电源总装机容量的9.7%，连续9年位居全球第一。其中，海上风电建设提速，2017年，海上风电新增并网装机161万kW，同比增长接近200%。2019年海上风电新开工容量达到了800万kW，创历史新高。2020年上半年，海上风电累计装机已达699万kW。

图1-3　海上风力发电机

4. 海风加重沿海污染程度

沿海地区有时会出现污染的空气夜间被陆风吹送到海面上去，但第二天白天又被海风吹回岸边的现象，污染的空气"去而复返"会加重大气的污染程度，即使被吹送到海里去，通过大气循环回到陆地，也会造成大气污染。

5. 海风促进海水的混合

如果没有海水的上下混合，海水的热量只保持在表层，表层海水温度将不断升高。上层海水的温度越高，密度越小，海水也就越稳定。而海风的搅动作用可以打破这种稳定，这样就在海面下产生了湍流涡旋。涡旋能使上层海水进行混合，混合所能达到的深度与风力大小有密切的关系。一般而言，风越大，混合的深度越大，反之亦然。

一般来说，较高纬度海区混合层深度大于较低纬度海区。受季风影响的海区混合层的变化具有很强的季节性特征。

6. 海风与海上渔场的影响

由于海风搅动深层与浅层的海水发生混合，在混合过程中，各种无机盐、营养物质被带到海表层，滋养大量浮游生物，从而形成饵料富集海域，进而形成渔场。

三、台风（一）

台风（typhoon）为常见的海洋气象之一，是产生于热带洋面上的一种强烈热带气旋，各地叫法有所不同。当台风过境时，常伴随着大风和暴雨甚至特大暴雨等强对流天气。由于地球自转，在北半球，台风风向呈逆时针方向旋转，因此在天气图上，用"𝄢"表示，寓意为台风的一组等压线和等温线组成的近似为同心圆的图像。

（一）"台风"的来历

关于"台风"的来历，有两类说法。第一类是"转音说"，包括三种：一是由广东话"大风"（toi fong）演变而来；二是由闽南话"风筛"演变而来；三是荷兰人占领台湾期间根据希腊史诗《神权史》中的人物泰丰（Typhoon）命名。第二类是"源地说"，由于台湾岛位于太平洋和南海大部分台风北上的路径要冲，很多台风都是穿过台湾海峡进入大陆的，所以称为"台风"。

随着发生地点、时间的不同，台风的叫法也不同（表1-2）。

表1-2　世界各地对台风的叫法

地区	叫法	地区	叫法
东亚、东南亚一带	台风	菲律宾	碧瑶风
欧洲、北美一带	飓风	孟加拉湾地区	气旋性风暴
印度半岛	热带气旋	大洋洲地区	畏来风
墨西哥	鞭打	南半球	旋风

（二）台风产生的条件

台风是由赤道辐合带中气旋性质的涡旋发展而来，部分热带东风中的波动也可以发展成为台风。台风的形成必须具备以下条件。

第一，要有广阔的高温、高湿的大气。热带洋面上底层大气的温度和湿度主要决定于海面水温，台风只能形成于海温为 26~27℃ 的温暖洋面上，并且在 60 m 以深的海水水温都要高于 26℃。

第二，要有低层大气向中心辐合、高层向外扩散的初始扰动，而且高层辐散必须超过低层辐合，才能维持足够的上升气流，低层扰动才能不断加强。

第三，垂直方向风速不能相差太大，上下层空气相对运动很小，才能使初始扰动中水汽凝结所释放的潜热能集中保存在台风眼区的空气柱中，形成并加强台风暖中心结构。

除此之外，还要有足够大的地转偏向力作用，这是因为地球自转作用有利于气旋性涡旋的生成。

同时具备上述气象条件的地域可以称为台风的"老家"。全球每年平均有 80~100个热带气旋发生，其中绝大部分发生在太平洋和大西洋上，据统计发现，西北太平洋台风主要发生在四个地区：南海中北部的海面，菲律宾群岛以东和琉球群岛附近海面，马里亚纳群岛附近海面及马绍尔群岛附近海面。

（三）台风的结构

台风是一个强大而具破坏力的气旋性涡旋。发展成熟的台风，其底层按辐合气流速度大小分为以下三个区域。

（1）外圈，又称为大风区。自台风边缘到涡旋区外缘，半径 200~300 km，其主要特点是风速向中心急增，风力可达 6 级以上。

（2）中圈，又称涡旋区。从大风区边缘到台风眼壁，半径约在 100 km，是台风中对流和风、雨最强烈区域，破坏力最大。

（3）内圈，又称台风眼区。半径约 5~30 km。多呈圆形，风速迅速减小或静风(图1-4)。

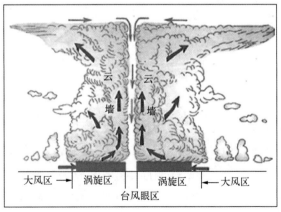

图 1-4　台风结构示意图

台风中最大风速出现在云墙的内侧,最大暴雨发生在云墙区,这里最容易形成灾害。当云墙区的上升气流到达高空后,随着气压梯度的减弱,大量空气被迫外抛,形成流出层,而小部分空气向内流入台风中心并下沉,形成台风眼区。

台风眼内虽然风小天晴,但是海上的浪潮却非常凶险。这是因为台风中心的气压,和其四周相比下降明显。在台风中心登陆的地方,往往会引起很高的浪潮。在沿海地带,有时还会引起海水倒灌,给沿海人民生命、财产安全造成很大损失,因此我们必须预先做好防台、防汛工作。

(四)台风的等级划分

1988年,国际气象组织台风委员会对台风等级进行划分。台风的等级依次可分为:热带低压、热带风暴、强热带风暴、台风、强台风、超强台风。热带低压是台风形成最重要的起源也是到最后消失的结尾。热带低压增强至热带风暴,若热带风暴强度持续加强,就称为强热带风暴。强热带风暴继续加强,就会形成台风。台风继续加强就形成强台风直至超强台风。强台风发生常伴有大暴雨、大海潮、大海啸。强台风发生时,易造成人员伤亡。

根据《热带气旋等级》(GB/T 19201—2006),热带气旋按登陆中心附近地面最大风速来确定其强度并进行分类(表1-3)。

表1-3　热带气旋等级划分

名称	底层中心附近最大平均风速/(m/s)	风力	风级情况案例
热带低压(TD)	10.8~17.1	6~7级	树木摇摇晃晃
热带风暴(TS)	17.2~24.4	8~9级	树叶飞天
强热带风暴(STS)	24.5~32.6	10~11级	树木被吹断
台风(TY)	32.7~41.4	12~13级	屋顶砖掉了,电线杆倒
强台风(STY)	41.5~50.9	14~15级	灾难性
超强台风(Super TY)	≥51.0	16级或以上	更具灾难性

(五)台风命名

国际上统一的热带气旋命名法是由热带气旋形成并造成影响的海域周边国家和地区共同事先制定的一个命名表,然后按顺序年复一年地循环使用。

在台风命名的国际规则出台之前,有关国家和地区对同一台风的命名各不相同。为避免名称混乱,1997年11月,在中国香港举行的世界气象组织(WMO)台风委员会第 30 次会议决定，从 2000 年 1 月 1 日起，对西北太平洋和南海海域形成的热带气旋，采用具有亚洲风格的名字统一命名。命名表共有 140 个名字，分别来自柬埔寨、中国、朝鲜、中国香港、日本、老挝、中国澳门、马来西亚、密克罗尼西亚联邦、菲律宾、韩国、泰国、美国和越南。每个成员各贡献 10 个名字，如我国最新提供的 10 个名称（2018）是：海葵、悟空、玉兔、白鹿、风神、海神、杜鹃、电母、木兰、海棠。

台风的命名，多用"温柔"的名字，以期台风带来的伤害能小些，但是台风委员会有一个规定：一旦某个台风对路径沿线人民生命财产造成了特别大的损失或人员伤亡而"声名狼藉"，或者是因名称本身因素而退役的，那么它就会永久占有这个名字，该名字就会从命名表中删除，这就是"除名"。这样，就必须要补充一个新名字加入命名表。补充的名称则由原提供成员（国家或地区）重新推荐，成员需在第二年之前将新名称提交至台风委员会，台风委员会将根据相关成员的提议，对热带气旋名称进行增补。

例如，2005 年 19 号台风"龙王"，一路肆虐，给我国华东地区带来巨大损失。据中国气象局提供的数据资料显示，"龙王"给华东地区带来了强降水，其中仅福州地区 1 h 降水量突破了历史极值，达到 152 mm。"龙王"给福建造成了 74.78 亿元人民币的经济损失，导致近百人死亡（图 1-5）。于是，台风委员会决定将中国台风名称"龙王"从命名表中删除，这是我国提供的台风名称中最先退役的一个名称。

图 1-5　台风"龙王"过境情况

总之，台风是一种常见的季节性海洋气象，也是主要的海洋灾害之一，对于中国东南和南方沿海地区，台风更是"常客"，每年都会不止一次"造访"。随着科技的发展，人类对台风的认识也越来越深刻。

四、台风（二）

伴随台风而来的常常是强烈的天气变化，如狂风、暴雨、巨浪、风暴潮和龙卷风等，因此台风是主要的灾害性天气系统之一；但在另一方面，台风带来的雨水对久旱、酷热地区无疑也有缓解作用。

（一）台风预兆

在台风来临前两三天，可以由若干现象来判断台风正逐渐接近中。

（1）高云出现。在台风最外缘是卷云，白色羽毛状或马尾状甚高的云，当此种云在某方向出现，并渐渐增厚而成为较密之卷层云，此时即显示可能有一台风正渐渐接近。

（2）雷雨停止。在我国台湾地区，夏季山地与盆地地区每日下午常有雷雨发生，如雷雨突然停止，即表示可能有台风接近中。

（3）能见度良好。台风来临前两三天，能见度突然转好，远处山树皆清晰可见。

（4）海、陆风不明显。平时日间风自海上吹向陆地，夜间自陆地吹向海上，称为海风与陆风，但在台风将来临前数日，此现象便不明显。

（5）长浪。台湾岛近海，因夏季风力温和，海浪亦较平稳，但远处有台风时，波浪将趋汹涌，渐次传至台湾沿海，而有长浪现象。东部沿海一带居民，都有此类经验。

（6）海鸣。台风渐接近，长浪亦渐大渐高且撞击海岸山崖发出吼声，东部沿岸亦常可闻，之后约 3 h 后台风就会来临。

（7）骤雨忽停忽落。当高云出现后，云层渐密渐低，常有骤雨忽落忽停，这也是台风接近的预兆。

（8）风向转变。台湾地区夏季常吹西南风，也较和缓，但如转变为东北风时，即表示台风已渐接近，并已受到台风边缘的影响，此后风力逐渐增强。

（9）特殊晚霞。台风来袭前一两日，当日落时，常在西方地平线下发出数条放射状红蓝相间的美丽光芒，发射至天顶再收敛于东方与太阳对称之处，此种现象称为"反暮光"。

（10）气压降低。根据以上诸现象，如果再出现气压逐渐降低的情况，则说明台风迫在眉睫。

（二）观测台风方法

台风生成于热带海洋上，但海面辽阔，气象站相对稀少，以往台风生成时难以发现，当台风移至有岛屿或船只附近时才有可能发觉，然后才能将各气象站同一时间的气象观测资料绘于天气图上，随时比较观察，才能判断台风的位置、强度、行进路径。

随着科技的进步，气象观测方法也逐渐提高，对台风的观测也日益精确可靠。目前，除通过天气图判断台风动向外，实际工作中也经常采用以下的方法。

（1）释放无线电探空仪，以气球携带能测高空各层之气压、气温、湿度、风向及风速，并能自动发出无线电报之仪器，侦知高空各种气象情形。

（2）以飞机携带各种必要仪器在台风可能发生的地区上空进行侦察，在台风形成后，也可以在台风内各方向、各高度穿越，实地探测台风内各种现象。

（3）在台风顶端，从飞机上投下附有降落伞的无线电探空仪，侦测台风内部各种现象。

（4）利用气象雷达可以判断出在 300~400 km 范围内台风的位置、动向、云雨分布的情况。

（5）用气象卫星定时拍摄照片传至地面，对台风的位置、大小、移动方向等均可提供准确数据（图 1-6）。

图 1-6　台风"美莎克"云图

（三）台风预警信号及防御工作

台风预警信号是用来提示居民台风风力的信号。分别以蓝色、黄色、橙色、红色表示。

1. 台风蓝色预警信号

24 h 内可能或者已经受热带气旋影响，沿海或者陆地平均风力达 6 级以上，或者阵风 8 级以上并可能持续（图 1-7）。

要做好以下防御工作：政府及相关部门按照职责做好防台风准备工作；停止露天集体活动和高空等户外危险作业；相关水域水上作业和过往船舶采取积极的应对措施，如回港避风或者绕道航行等；加固门窗、围板、棚架、广告牌等易被风吹动的搭建物，切断危险的室外电源。

图 1-7　台风蓝色预警信号

2. 台风黄色预警信号

24 h 内可能或者已经受热带气旋影响，沿海或者陆地平均风力达 8 级以上，或者阵风 10 级以上并可能持续。

要做好以下防御工作：政府及相关部门按照职责做好防台风应急准备工作；停止室内外大型集会和高空等户外危险作业；相关水域水上作业和过往船舶采取积极的应对措施，加固港口设施，防止船舶走锚、搁浅和碰撞；加固或者拆除易被风吹动的搭建物，人员切勿随意外出，确保老人小孩留在家中最安全的地方，危房人员及时转移（图 1-8）。

图 1-8　台风黄色预警信号

3. 台风橙色预警信号

12 h 内可能或者已经受热带气旋影响，沿海或者陆地平均风力达 10 级以上，或者阵风 12 级以上并可能持续。

要做好以下防御工作：政府及相关部门按照职责做好防台风抢险应急工作；停止室内外大型集会、停课、停业（除特殊行业外）；相关水域水上作业和过往船舶应当回港避风，加固港口设施，防止船舶走锚、搁浅和碰撞；加固或者拆除易被风吹动的搭建物，人员应当尽可能待在防风安全的地方，当台风中心经过时风力会减小或者静止一段时间，切记强风将会突然吹袭，应当继续留在安全处避风，危房人员及时转移；相关地区应当注意防范强降水可能引发的山洪、地质灾害（图 1-9）。

图 1-9 台风橙色预警信号

4. 台风红色预警信号

6 h 内可能或已经受热带气旋影响,沿海或者陆地平均风力达 12 级以上,或者阵风达 14 级以上并可能持续。

要做好以下防御工作:政府及相关部门按照职责做好防台风应急和抢险工作;停止集会、停课、停业(除特殊行业外);回港避风的船舶要视情况采取积极措施,妥善安排人员留守或者转移到安全地带;加固或者拆除易被风吹动的搭建物,人员应当待在防风安全的地方,当台风中心经过时风力会减小或者静止一段时间,切记强风将会突然吹袭,应当继续留在安全处避风,危房人员及时转移;相关地区应当注意防范强降水可能引发的山洪、地质灾害(图 1-10)。

图 1-10 台风红色预警信号

(四) 台风带来的利弊

台风灾害主要是在台风登陆前和登陆之后引起的。台风引起的直接灾害通常由三方面造成。

一是狂风。台风风速大都在 17 m/s 以上,甚至在 60 m/s 以上。据测,当风力达到 12 级时,垂直于风向的风压可达 2254 kPa。因此台风及其引起的海浪可以把万吨巨轮抛向半空拦腰折断,也可把巨轮推入内陆;飓风级的风力足以损坏甚至摧毁陆地上的建筑、桥梁、车辆等。特别是在建筑物没有被加固的地区,造成破坏更大。大风亦可以把杂物吹到半空,使户外环境变得非常危险。

二是暴雨。一次台风登陆,中心地带 24 h 降雨可达 100~300 mm,甚至可达 500~

800 mm。台风暴雨造成的洪涝灾害，来势凶猛，破坏性极大，是最具危险性的灾害。

　　三是风暴潮。当台风移向陆地时，由于台风的强风和低气压的作用，使海水向海岸方向强力堆积，潮位猛涨，海浪排山倒海般向海岸压去。强台风引发的风暴潮能使沿海水位上升5~6 m。如果风暴潮与天文大潮（高潮）叠加，能产生高频率的潮位，导致潮水漫溢，海堤溃决，冲毁房屋和各类建筑设施，淹没城镇和农田，造成大量人员伤亡和财产损失。

　　台风的次生灾害还包括暴雨引起的山体滑坡、泥石流等。另外，房屋、桥梁、山体等在台风中受到洪水的长时间冲刷、浸泡，强度也会受到严重影响，也要引起高度的警惕。台风还可能造成生态破坏、疫病流行，如风暴潮会造成海岸侵蚀，海水倒灌造成土地盐渍化等灾害；泥石流会破坏森林植被；洪水过后常常容易出现疫情等。有时候台风甚至会间接造成农作物的病虫害，2005年，在台风"麦沙"和"卡努"过境后，稻褐飞虱大量回迁入上海地区，曾造成申城田间褐飞虱虫量猛增，给周边地区农业生产带来较大损失。

　　台风虽然给人们的生活生产带来诸多不便，但也给人们带来一些好处。首先，台风能为内陆地区带来丰沛的降水。台风带来的降水约占我国沿海、日本、印度、东南亚各国和美国东南部地区年降水量的1/4，对改善这些地区的淡水供应和生态环境有十分重要的意义。

　　其次，台风可以把热带海洋中的巨大能量输送到中、高纬度地区，对地球大气的能量平衡起到循环调节的作用。靠近赤道的热带、亚热带地区受日照时间较长，炎热干燥，如果没有台风转运能量，那里将会更热，地表荒漠化会更加严重；同时寒带将会更冷，温带将会消失。

　　再次，台风最高时速可达200 km以上，如此巨大的能量流动能使地球保持冷热平衡，使人类安居乐业、生生不息。

　　另外，通过台风对水体的扰动作用，可以将集聚在深层海水中的营养物质翻卷上来，为附近浅层海水中的生物提供丰富的养料。

五、海浪

　　海浪是海洋气象的一大要素。海浪是海面上一种十分复杂的波动现象，常见的海浪多是由风产生的海面波动，其周期为0.5~25 s，波长为几十厘米到几百米，一般浪高为几厘米到20 m，在罕见情况下波高可达30 m以上。

（一）海浪的分类

海浪包括风浪、涌浪和近岸浪三种。

1. 风浪

在风的直接作用下形成的海面波动，称为风浪。"无风不起浪"指的就是风浪。风浪波面粗糙，风浪大时波峰附近有浪花和大片泡沫，波峰线短。在大洋海域，波浪的分布与海洋上风的区域分布具有相似的特征，这是由波浪与风的关系所决定的，风大则浪高。在近岸海域，当风自大陆吹向海洋，或是受陆地阻挡的海湾和内海，由于风区距离短，波浪远较大洋上的小。浙江北部渔民有"东风魔儿西风佛"的谚语，因为东风风区较大，西风风区较小，两者引起的浪不一样。在浅水区，由于海底摩擦的作用，风浪也较小。

2. 涌浪

涌浪是在风停以后或风速、风向突变后保存下来的波浪和传出风区的波浪。"无风三尺浪"指的就是涌浪。涌浪具有较规则的外形，排列整齐，波面较平滑，波峰线长，一般涌浪周期较风浪长。涌浪周期越长，传播得就越快、越远。由于长周期的涌浪传播速度比台风、温带气旋等天气系统移动快，因此涌浪往往能成为一种预警信号。

3. 近岸浪

由外海的风浪或涌浪传到海岸附近，受地形和水深作用而改变波动性质的海浪，就是近岸浪（图1-11）。随着海水变浅和波动遇障碍物，会引起波动折射、绕射和反射等，使波高发生变化，近岸浪的波峰前侧陡、后侧平，直至倒卷破碎。大多数情况下风浪和涌浪并存，两者叠加形成拍岸浪。

图1-11　近岸浪

不管是风浪、涌浪、近岸浪，还是混合浪，它们在海上出现时，无法通过外形判断，因而在实际分析海浪状况时，主要由海浪要素描述。海浪要素主要包括波高、波长、周期、波陡、频率、波速等。

（二）海浪的等级

海浪的浪高通常用波级来表示，波级是海面因风力强弱引起波动程度的大小，波浪愈高则级别愈大。浪高有依风浪、涌浪分别定级，也有依同一标准分级。我国则采用后者进行分级。按照常用的道氏波级，分为：无浪、微浪、小浪、轻浪、中浪、大浪、巨浪、狂浪、狂涛、怒涛等不同级别，其中浪高达到 20 m 以上者称为暴涛，由于极其罕见，波级表中未予列入（表1-4）。

表1-4　海浪等级

浪级	风浪名称	浪高范围/m	海面征状
0级	无浪	0	海面平静。水面平整如镜，或仅有涌浪存在。船静止不动
1级	微浪	0~0.1	波纹或涌浪和小波纹同时存在，微小波浪呈鱼鳞状，没有浪花。寻常渔船略觉摇动，海风尚不足以推行帆船
2级	小浪	0.1~0.5	波浪很小，波长尚短，但波形显著。浪峰不破裂，因而不是白色的，而是仅呈玻璃色。渔船有晃动，张帆每小时可随风移行2~3 nmile
3级	轻浪	0.5~1.25	波浪不大，但很显眼，波长变长，波峰开始破裂。浪沫光亮，有时可有散见的白浪花，其中有些地方形成连片的白色浪花——白浪。渔船略觉颠簸，渔船张帆每小时随风移行3~5 nmile，满帆时，可使船身倾于一侧
4级	中浪	1.25~2.5	波浪具有很明显的形状，许多波峰破裂，形成白浪，成群出现，偶有飞沫。同时较明显的长浪状开始出现。渔船明显颠簸，需缩帆一部分
5级	大浪	2.5~4.0	高大波峰开始形成，到处都有更大的白沫峰，有时有些飞沫。浪花的峰顶占去了波峰上很大的面积，风开始削去波峰上的浪花，碎浪成白沫沿风向呈条状。渔船起伏加剧，要将帆大部分缩起，捕鱼需注意风险
6级	巨浪	4.0~6.0	海浪波长较长，高大波峰随处可见。波峰上被风削去的浪花开始沿波浪斜面伸长呈带状，有时波峰出现风暴波的长波形状。波峰边缘开始破碎成飞沫片；白沫沿风向呈明显带状。渔船停息港中不再出航，在海者下锚
7级	狂浪	6.0~9.0	海面开始颠簸，波峰出现翻滚。风削去的浪花带布满了波浪的斜面，并且有的地方达到波谷，白沫能成片出现，沿风向白沫呈浓密的条状带。飞沫可使能见度受到影响。船舶航行困难。所有近港渔船都要靠港避风
8级	狂涛	9.0~14.0	海面颠簸加大，有震动感，波峰长而翻卷。稠密的浪花布满了波浪斜面。海面几乎完全被沿风向吹出的白沫片所掩盖，因而变成白色，只在波底有些地方才没有浪花。海面能见度显著降低。船舶遇之相当危险

续表

浪级	风浪名称	浪高范围/m	海面征状
9级	怒涛	>14.0	海面颠簸加大,有震动感,波峰长而翻卷。稠密的浪花布满了波浪斜面。海面几乎完全被沿风向吹出的白沫片所掩盖,因而变成白色,只在波底有些地方才没有浪花。海面能见度显著降低。船舶遇之极为危险

随着科学技术的发展,人们已能根据气象等条件,利用波级表,对风浪进行预报。海浪预报是根据风对海浪的作用的规律性和当时的风情预告,对于一定海区在未来一定期间内所作的波浪情况分析和预报。准确的海浪预报对国防、渔业和航运安全具有很大的意义。

(三)海浪的危害

海上自然破坏力的90%来自海浪,仅10%的破坏力来自风,人们常说的"避风",实际上是"避浪"。

由强烈大气扰动如热带气旋(台风或飓风)、温带气旋和强冷空气大风引起的海浪,常能掀翻船舶、摧毁海上工程和海岸工程,给航海、海上施工、海上军事活动、渔业捕捞等带来灾害。因此,海浪灾害是最严重的海洋灾害之一,也是发展海洋经济的最大障碍。有史以来,全球差不多有100多万艘船舶沉没于惊涛骇浪之中。由海浪造成的海难占全世界海难的70%左右(图1-12)。

图1-12 灾害性海浪

海浪不仅能对航船造成危害,对稳如磐石的海上钻井平台也会构成威胁。近20年来,遭到狂风巨浪袭击而翻沉的平台事故屡有发生,目前全球范围内因巨浪沉没的石油平台已超60座。

(四)灾害性海浪

灾害性海浪指海上有效波高达4 m以上的海浪,是由台风、温带气旋、寒潮等天气系统引起的,由其造成的灾害成为海浪灾害。

灾害性海浪按形成时的天气系统可以分为以下四类:冷高压型(也称寒潮型)、台风型、气旋型、冷高压与气旋配合型。

1. 冷高压型

在冬季,当西伯利亚或蒙古等地冷高压形成并东移南下时冷锋经过的海区通常会形成灾害性海浪。

主要特点:最大波高一般出现在冷锋经过的近海域(在渤海发生时一般维持12~36 h,最大波高可达7 m;在黄海发生时一般维持24~48 h,最大波高可达9 m;在东海发生时一般维持24~72 h,最大波高可达11 m;在台湾海峡发生时一般维持24~72 h,最大波高可达9.5 m;在南海发生时一般维持24~72 h,最大波高可达13 m)。

2. 台风型

受台风影响的海区通常会出现此类灾害性海浪。

主要特点:最大波高、影响范围和影响时间主要受台风强度、移动方向和移动速度等因素影响(最大波高一般出现在浪向与台风移动方向相同的海域;我国近海海域均会出现,其中东海、台湾海峡、南海出现的频率较黄海和渤海高)。1986年,国家海洋局的海洋观测浮标系统在东海曾经测到了最大波高为18.6 m的台风型海浪。

3. 气旋型

受气旋影响的海区通常会出现此类灾害性海浪。

主要特点:主要出现在我国渤海、黄海和东海海域;一般维持时间较短,为6~24 h;在渤海发生时最大波高可达6 m,在黄海发生时最大波高可达8 m,在东海发生时最大波高可达8 m;具有突发和增强的特点,预报难度大。

4. 冷高压与气旋配合型

冷高压与气旋配合型海浪多出现在10月至翌年3月,特别是初春、秋末和隆冬季节。发展强烈的气旋与冷高压配合影响的海区通常会出现此类灾害性海浪。

主要特点:主要出现在我国渤海、黄海和东海北部海域;其形成的最大波高通常大于冷高压型灾害性海浪和气旋型灾害性海浪,在上述海区发生时,最大波高可达10 m。

六、风暴潮

风暴潮是一种由海上强风或气压骤降引起的海面异常升高的现象,也称"风暴海啸"或"气象海啸"。这种发生在海上的风暴，常常会伴着狂风暴雨、惊涛骇浪，这对海上航行、海上生产构成了极大的威胁。

(一)风暴潮的形成

从所有的海洋灾害来看，对人类危害最大的是风暴潮。

风暴潮会否成灾，在很大程度上是由最大风暴潮位是否与天文大潮(高潮)相叠决定的，特别是能否与天文大潮(高潮)期的高潮相叠(图1-13)。当最大风暴潮位与天文大潮(高潮)相叠的时候，便具有毁灭性危害。1992年8月28日至9月1日，由于第16号强热带风暴和天文大潮(高潮)的共同作用，我国东部沿海发生了1949年以来影响范围最广、损失非常严重的一次风暴潮灾害。这次危害波及很多省市，如辽宁、河北、天津、山东、江苏、上海、浙江和福建等。而这次灾害产生的原因有很多，如风暴潮、巨浪、大风、大雨等。

图1-13　最大风暴潮与天文大潮(高潮)叠加

通常来说，受风暴潮灾害影响比较大的地区是那些地理位置正处于海上大风的正面袭击、海岸呈喇叭口形状、海底地势平缓、人口密度大、经济发达的地区。当然，如果风暴潮位非常高，即使未遇天文大潮(高潮)，也会形成严重灾害。依国内外风暴潮专家的意见，一般把风暴潮灾害划分为四个等级，即特大潮灾、严重潮灾、较大潮灾和轻度潮灾。

(二)风暴潮的分类

按照诱发风暴潮的大气扰动特征分类，风暴潮分为台风风暴潮和温带风暴潮两大类。在我国，风暴潮一年四季都有发生。夏、秋季节沿海多以台风风暴潮为主，其频发区和严重区为沿海海湾的湾顶及河口三角洲海区；春、秋、冬季渤海和黄海沿岸多有温带风暴潮发生。

1. 台风风暴潮

在西北太平洋沿岸国家中，我国沿海遭受台风风暴潮的袭击既频繁又严重。据统计，全球平均每年有 80~90 个热带气旋生成，其中西北太平洋和南海热带风暴以上强度热带气旋年平均生成数约占 30%，台风以上强度年平均生成数约占 34%。因此，西北太平洋及其边缘海（南海）在全球 8 个台风生成区中占首位，是全球台风最为活跃的海域。

目前，我国主要依靠验潮站监测风暴潮，当台风在外海向开阔海岸移来时，岸边验潮站首先观测到海面的缓慢上升或降低，一般只有 20~30 cm，持续时间通常有十几个小时，这是台风风暴潮来临的预兆，即初振阶段；而后，随着台风的逐渐移近，风暴潮位急剧升高，并在台风过境前后达到最大值，即激振阶段；最后，是余振阶段，有时在港湾内可持续一天以上。以 8007 号台风风暴潮为例，1980 年 7 月 22 日，我国广东省湛江市海康县（今雷州市）的南渡站记录到的最大台风风暴潮为 585 cm。

2. 温带风暴潮

我国三个温带风暴潮频发区和严重区依次为莱州湾、渤海湾和海州湾沿岸海区。根据实际情况，我国的温带风暴潮又分三种类型。

（1）冷锋配合低压类（北高南低型）。这类风暴潮多发生于春秋季，渤海湾、莱州湾沿岸发生的风暴潮，大多属于这一类。其地面气压场的一般特点是，渤海中南部和黄海北部处于北方冷高压的南缘，南方低压或气旋的北缘。辽东湾到莱州湾吹刮一致的东北大风，黄海北部和渤海海峡为偏东风所控制。在这样的风场作用下，大量海水涌向莱州湾和渤海湾，最容易导致大或特大的风暴潮（图 1-14）。

图 1-14　山东烟台风暴潮

（2）冷锋类（横向高压型）。当西伯利亚或蒙古等地的冷高压东移南下，而我国南方又无明显的低压活动与之配合时，只有一条横向冷锋掠过渤海，造成渤海盛行偏东大风，致使渤海湾沿岸和黄河三角洲海区发生风暴潮。此类的风暴潮增水幅度一般为 1~2 m。冷锋类风暴潮多发生于初春和深秋，有时当横向冷锋继续南移掠过海州湾时也能造成该湾盛行偏东大风，使海州湾沿岸产生此类风暴潮。

（3）强孤立气旋类（温带气旋型）。通常指无明显冷高压与之配合的、暖湿气流活跃的温带气旋，这种类型天气产生的风暴潮往往在春、秋季和初夏期间发生。夏季（7—9月）正是渤海天文大潮（高潮），且遇到这种强孤立气旋引发的风暴潮叠加天文大潮（高潮）时，就会出现超警戒的灾害性高潮位。1969 年 4 月 23 日发生在莱州湾羊角沟站的温带风暴潮增水为 35 m。当时记录到的过程最大风速为 349 m/s，3 m 以上的增水持续了 7 h，1 m 以上的增水持续了 37 h。

温带风暴潮的破坏力虽然小于台风风暴潮，但增水持续时间很长，容易与天文大潮（高潮）叠加，酿成灾害。

（三）风暴潮的监测与预防

风暴潮监测主要依靠沿岸的验潮站进行。我国的验潮历史可追溯到 1900 年前后。据统计，1949 年前全国只有 14 个验潮站。由于管理混乱，这些验潮站大多数仅留下部分高、低潮资料。新中国成立后，随着我国沿海航运、水产、海洋开发与海洋工程等事业的不断发展，相继建立了众多验潮站。目前已有 200 多个，分别隶属于自然资源部、交通运输部及海军参谋部航海保证局等部门。

从 1979 年开始，我国有 36 个潮位站通过国家公众电信网，在风暴潮影响期间以代码电报形式向国家海洋环境预报中心拍发实时潮位报。1986 年增加至 52 个，1990 年增至 64 个，逐步形成了我国的风暴潮监测系统。现在自然资源部所下辖的验潮站的实时资料传输还可通过专用通信网实施。

但是由于验潮仪观测通常只局限于近岸地区，同时站位的分布也不均匀，所以并不能测量整个近岸和内陆的潮位，只有风暴潮影响过后，才能进行风暴潮现场调查。从 20 世纪 70 年代后期起，国家海洋局等单位就对几次强台风风暴潮进行了现场调查，获得了极其珍贵的资料。这些资料对风暴潮预报技术的改进和沿海工程建设产生巨大帮助。

通常来说，风暴潮预报分为两大类："经验统计预报"和"动力数值预报"。简称"经验预报"和"数值预报"。

所谓经验统计预报，主要利用回归分析和对相关数据的统计结果建立指标站的风/气压与特定港口风暴潮位之间的经验预报方程或相关图表。这种预报方法简单、便利、易于学习和掌握，某些单站预报还可以获得较高精度。但必须依赖于特定港口充分、长时间的验潮资料和相关验潮站的风/气压的历史资料才能获得稳定的预报回归方程。

所谓动力数值预报，其实是"数值天气预报"和"风暴潮数值计算"二者的综合。数值天气预报的重点是海上风场和气压场，也就是大气强迫力的预报；而风暴潮数值计算是在给定的海上风场和气压场作用下、在适当的边界条件和初始条件下用数值求解风暴潮的基本方程组，这样就可以获得风暴潮位和风暴潮流的时空分布情况（包括岸边风暴潮位的分布和随时间变化的风暴潮位过程曲线）。由于动力数值预报更客观、更有效，它必然成为将来风暴潮预报的主要方向。

七、海啸

海啸就是由海底地震、火山爆发、海底滑坡或气象变化产生的破坏性海浪，海啸的波速高达 700~800 km/h，在几小时内就能跨过大洋，当到达海岸浅水地带时，因波长减小而波高急剧增加，可达数十米，形成含有巨大能量的"水墙"。水墙每隔数分钟或数十分钟就重复一次，可以摧毁堤岸，淹没陆地，破坏力极大。

（一）海啸的形成

海啸是一种灾难性的海浪，通常由震源在海底以下 50 km 以内、震级在里氏 6.5 级以上的地震引起。水下或沿岸山崩或火山爆发也可能引起海啸。地震后，震荡波在海面上以不断扩大的圆圈，可传播到很远的距离，如同卵石掉进浅池里产生的波一样。海啸波长甚至可以超过海洋的最大深度，海啸运动在海底附近也不会受到有效阻滞，不管海洋深度如何，波都可以传播过去（图 1-15）。

图 1-15　海啸

海啸波以一系列重力长波的形式从海啸源向外传播，海啸波速取决于水深，经过较深或较浅的大洋时，波速（增大或减小）、波的传播方向以及波的能量（集中或发散）都会发生变化。在深海中，海啸波能够以 500~1000 km/h 的速度传播。然而，当靠近海岸时，海啸波的速度会减小到每小时几十千米。海啸波幅也取决于水深，在深海中波幅只有 1 m 的海啸波传播到近岸时能够增至数十米高。

与众所周知的由风驱动的大洋波浪（只是海面的扰动）不同，海啸是整层啸波的能量能够自大洋底部延伸至海表面，因此蕴含了非常大的能量。在近岸处，水深减小与波速减缓引起的海啸波长减小，分别引起了海啸在垂直方向和水平方向上的能量聚集，对沿岸造成巨大威胁。海啸波的周期(单个波动的周期)短至几分钟，长至 1 h，有时甚至更长。在海岸边，海啸波有各种传播形式，主要取决于波的大小和周期、近岸水深、岸线形状、潮汐状况等因素。在某些情况下，海啸波可能只是淹没低洼地区，类似于快速涨潮。而在另外一些情况下海啸是袭岸的怒涛，是一面裹挟着杂物的垂直水墙，破坏性极大(图 1-16)。大部分情况下在海啸波峰来临之前海面水位会下降，引发水位线后退，有时后退达 1 km 甚至更多。值得注意的是，即使是规模较小的海啸，也可能带来强大且不寻常的海流。

图 1-16　海啸形成的垂直水墙

(二) 海啸的分类

海啸按成因可分为三类：地震海啸、火山海啸、滑坡海啸。地震海啸是海底发生地震时，海底地形急剧升降变动引起海水强烈扰动。其机制又分为"下降型"海啸和"隆起型"海啸。

(1)"下降型"海啸是指某些构造地震引起海底地壳大范围的急剧下降，海水首先向突然错动下陷的空间涌去，并在其上方形成海水大规模积聚，当涌进的海水在海底遇到阻力后，即翻回海面产生压缩波，形成长波大浪，并向四周传播与扩散，这种下降型的海底地壳运动形成的海啸在海岸边首先表现为异常的退潮现象。1960 年的智利地震海啸就属于此种类型。

(2)"隆起型"海啸是指某些构造地震引起海底地壳大范围的急剧上升，海水也随着隆起区一起抬升，并在隆起区域上方出现大规模的海水积聚，在重力作用下，海水必须保持一个等势面以达到相对平衡，于是海水从波源区向四周扩散，形成汹涌巨浪。这种隆起型的海底地壳运动形成的海啸波在海岸边首先表现为异常的涨潮现象。1983 年 5 月 26 日，日本海中部的 7.7 级地震引起的海啸属于此种类型。

按受灾现场分类，海啸可分为遥海啸和本地海啸两类。

（1）遥海啸是指横越大洋或从很远处传播来的海啸，也称为越洋海啸。海啸波属于海洋长波，一旦在源地生成后，在无岛屿群或大片浅滩、浅水陆架阻挡情况下，一般可传播数千千米而能量衰减很少，因此可能造成数千千米之外的地方也遭受海啸灾害。1960年的智利海啸就曾使夏威夷、日本都遭受到严重灾害；2004年底发生在印度尼西亚海域的大海啸，连斯里兰卡都被波及。

（2）本地海啸又称局地海啸，多数海啸都属于此类。因为本地海啸从地震及海啸发生源地到受灾的滨海地区相距较近，所以海啸波抵达海岸的时间也较短，只有几分钟，多则几十分钟。在这种情况下，海啸预警时间则更短或根本无预警时间，常会造成极为严重的灾害。

（三）海啸的分布

全球地质构造运动最活跃的地带是环太平洋火山地震带和地中海–喜马拉雅火山地震带，也是地震和火山分布最多的地带（图1–17）。根据地槽–地台学说，环太平洋火山地震带是现代地槽区带，目前仍处于强烈凹陷期，是断裂、褶皱活动最强烈的阶段。在环太平洋火山地震带，地震、强烈的火山喷发、断裂错动和崩塌时有发生。而地中海–喜马拉雅火山地震带是新近纪地槽回返形成的褶皱带，挤压、断裂、皱褶非常发育。

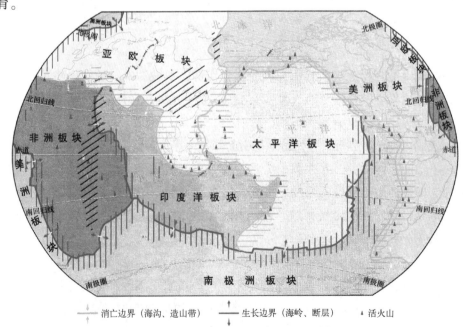

图1–17　地球板块–地震带构成

从板块构造来看，环太平洋火山地震带下降岩石圈海洋板块向大陆板块挤压，由浅震、中震以及深震组成贝尼奥夫地震带。而地中海-喜马拉雅火山地震带是非洲及印度板块向欧亚板块碰撞，形成了近东西向的板块碰撞带。虽然地震不直接引发海啸，但海啸源分布大致与地震带一致。全球有记载的破坏性海啸大约 260 次，平均六七年发生一次。发生在环太平洋地区的地震海啸就占了约 80%。而日本列岛及附近海域的地震又占太平洋地区地震海啸的 60% 左右。日本是全球发生地震海啸最频繁并且受害最深的国家之一。

(四) 海啸逃生

海啸发生时，震荡波在海面上形成不断扩大的圆圈，传播到很远的地方。它以每小时 600~1000 km 的高速，在毫无阻拦的洋面上驰骋 1 万~2 万 km，掀起 10~40 m 高的拍岸巨浪，吞没所波及的一切，有时最先到达海岸的可能是波谷，此时水位下落，暴露出浅滩海底；几分钟后波峰到来，一降一升给岸边造成毁灭性的破坏。

1. 海啸逃生

海啸来临之前会有一定的信号，如果能够引起充分注意可以避免生命财产的损失。

(1) 地震海啸发生的最早信号是地面强烈震动，地震波与海啸的到达会有时间差，人们可以充分利用这一时间差进行逃生。如果感觉到较强的震动，不要靠近海边、江河的入海口。如果听到有关附近地震的报告，要做好防海啸的准备，还要密切关注广播新闻。

(2) 如果发现海水突然反常涨落，海平面显著下降或者有巨浪袭来，都应以最快速度撤离岸边。

(3) 海啸前海水异常退去时往往会把鱼虾等许多海洋动物的尸体留在浅滩，场面蔚为壮观。但此时千万不要前去捡拾或看热闹，应当迅速离开海岸，向内陆高处转移。

(4) 发生海啸时，航行在海上的船只不可以回港或靠岸，应该马上驶向深海区，因为深海区相对于海岸更为安全。

(5) 处在海啸地震带上的居民，每个人都应常备一个急救包，里面应备有足够 72 h 用的食物、饮用水和其他必需品。这一点适用于海啸、地震和一切突发灾害。

2. 自救互救

假如在海啸中不幸落水，首先要保持镇定，然后立即开展自救互救。

(1) 如果在海啸时不幸落水，要尽量抓住木板等漂浮物，同时注意避免与其他硬物碰撞。

(2) 在水中不要乱挣扎，尽量减少动作，能浮在水面漂流即可。这样既可以避免下沉，又能够减少体能的无谓消耗，同时还要注意保持体温。

（3）不要喝海水。海水不仅不能解渴，反而会让人出现幻觉，导致精神失常甚至死亡。

（4）尽可能向其他落水者靠拢，既便于相互帮助和鼓励，同时由于目标扩大而更容易被救援人员发现。

（5）人在海水中长时间浸泡，热量散失会造成体温下降。溺水者被救上岸后，最好能将其放在温水里恢复体温，或尽量裹上被、毯、大衣等保温。注意不要采取局部加温或按摩的办法，更不能给落水者饮酒，饮酒只能使热量更快散失。给落水者适当喝一些糖水，可以补充水分和能量。

（6）如果落水者受伤，应采取止血、包扎、固定等急救措施，重伤员则要及时送医院救治。

（7）如有溺水者，救上岸后要及时清除其鼻腔、口腔和腹内的吸入物。具体方法是：将落水者腹部朝下放在救助者的大腿上，从后背按压，将海水等吸入物倒出。若获救者已昏迷，则应立即交替进行口对口人工呼吸和心脏按压。

八、海冰

海冰即直接由海水冻结而成的咸水冰，亦包括进入海洋中的大陆冰川（冰山和冰岛）、河冰及湖冰。海冰是极地和高纬度海域所特有的海洋灾害。

（一）海冰的来源

海冰在地球两极地区占有统治地位。在南极，冰原每年要释放近 2000 km³ 的冰。冰被自身的重力所牵引，逐渐呈舌状，以冰原或冰川的形式向海洋滑动。遇到海水，冰就会逐渐破裂解体，巨大的冰块就像冰的岛屿那样漂开，形成一座座冰山。南极的冰山长可达数百千米。而在北极，也存在着向海洋运动的冰川。格陵兰的冰川每年崩解出大约 4 万个冰山，它们的长度很少超过 6000 m。冰原和冰山是由自史前时期以来的降雪堆积逐渐形成的，它们是地球上最大的淡水库。

冰山千姿百态、变化多端，但当它出现在航道上时会给海上航船和生产带来巨大的危害。在破冰船出现之前，浮冰一直是不可逾越的障碍。

（二）海冰的形成

海水结冰需要三个条件：气温比水温低，水中的热量大量散失；相对于开始结冰的温度（冰点），海水已存在过冷却现象；水中有悬浮微粒、雪花等杂质凝结核。

海冰是海水和大气共同作用的产物,其形成大致经历5个阶段。

(1)海面气温下降,当海洋表面的水温降到0℃后,同时海洋中又有利于形成冰的雪粒等凝结核,海水表面层就开始结成冰针或小冰片。

(2)海面温度继续降低,此时已经形成的冰针或冰片就会聚集起来,最终形成覆盖海面的薄冰,而薄冰就会破裂成大小均匀的圆盘状冰饼。

(3)海面温度进一步下降,已经形成的圆盘状冰饼连接起来,最终形成有一定厚度的、面积相当大的冰盖层。

(4)海面温度继续下降,冰层膨胀龟裂、大片冰层形成破碎的冰块。

(5)海水的运动,促使冰块叠加。此时,大冰原已经形成。如果冰原继续互相撞碰、重叠,会形成大冰群。

冰的破坏力是巨大的。当冬季气温降至0℃以下时,一只玻璃瓶装满清水拧好盖子经过一段时间低温冻结后,瓶子会被胀裂。这就是冰的膨胀压力破坏的结果。据计算,海冰温度每降低1.5℃时,1000 m长的海冰能膨胀0.45 m。这种膨胀足以挤碎或夹坏冰中的船只;不仅如此,海冰受到潮汐升降影响而引起的垂直方向力,也有很大的破坏作用,往往使冻结在海上的建筑物基础受到损害。海冰运动所产生的推力和撞击力,具有极大的破坏性。这两种力都与海冰块的大小和漂移的速度有密切关系。

冬季,我国受亚洲高压控制,盛行偏北大风。寒潮或强冷空气入侵时,伴随大风、降雪和急剧的降温过程,渤海和黄海北部近岸海域开始结冰。特别当强寒潮爆发和持续时,海冰覆盖面积迅速扩大,冰厚增加。翌年春季,海冰才会逐渐融化,直至消失。海冰的增长和减弱与当年冬季气候特征密切相关。海洋和大气相互作用的物理过程对渤海和黄海北部的冰情演变具有重要的作用。

每年初冬海冰最早出现的日期称为初冰日,翌年初春海冰最终消失的日期称为终冰日,其间称为结冰期(简称冰期)。渤海和黄海北部的冰期约为3~4个月,其中以辽东湾冰期最长(图1-18),黄海北部和渤海湾次之,莱州湾冰期最短。考虑到海冰发展特点,冰期被划分为三个阶段,即初冰期、盛冰期和终冰期。

图1-18 辽东湾海冰

每年 11 月中旬至 12 月上旬，渤海和黄海北部的初冰期是从沿岸浅水海域开始，逐渐向深海扩展。12 月中旬至翌年 2 月中旬，渤海和黄海北部沿岸进入盛冰期。这一时期，固定冰的宽度多为 0.2~2 km，个别河口和浅滩区可达 5~10 km。翌年 2 月下旬至3 月中旬为终冰期，海冰自深海向近岸海域逐渐消失。海中覆盖的冰都是浮冰，在风、流和浪的共同作用下漂移，在运动过程中发生形变、破碎和堆积。冰间出现的开阔水域即水道。除辽东湾外，渤海和黄海北部留冰外缘线大致沿 10~15 m 等水深线分布。各海区浮冰覆盖范围随各年冰情有较大差异。

(三) 海冰的分类

根据世界气象组织发布的国际海冰术语，结合我国的海冰运动状态，海冰又分为固定冰和浮冰两大类。海上最初出现的冰是浮冰，当海水持续降温到一定程度时，在海湾浅水处和沿岸海域出现固定冰。通常黄海北部和渤海莱州湾龙口附近海域的固定冰较少见。在渤海辽东湾沿岸各海洋站均可观测到明显的固定冰，且持续时间较长。根据海冰发展阶段、形态和厚度，又将浮冰分为 7 种：初生冰、冰皮、尼罗冰、莲叶冰、灰冰、灰白冰和白冰。海冰表面未发生形变的为"平整冰"；在风、浪、流、潮作用下形成冰层叠加的为"重叠冰"，任意且杂乱无章堆积的为"堆积冰"。

通常见到的浮在海面的冰只是很小一部分，海冰的大部分浸在海面以下。根据阿基米德原理计算，海冰块露出水面的高度与总厚度之比大约为 1:10~1:7。漂浮在海洋上的巨大冰块或冰山，在风和海流驱动下运动。测量的结果表明，一块面积为6 km²，1.5 m 厚的海冰，在流速不太大的情况下，其推力超过 39.2 MN，足以推倒石油平台等海上建筑物。1969 年，渤海特大冰封期间，一座由 15 根直径 0.85 m、长 41 m、壁厚2.2 cm 的锰钢桩柱打入海底 28 m 支撑的"海二井"石油平台，竟被海上漂浮的流冰推倒，可见其推力之大。海冰的破坏力还与它自身的强度有关。海冰的强度则主要取决于海冰的盐度、温度和冰龄。一般来讲海冰的盐度低、温度低、冰龄长，强度就大(老冰要比新冰强度大)；反之强度就低。

(四) 海冰的分布

在北半球，海冰的范围受季节变化的影响，以冬季为最大，此后便开始缩小，到夏季为最小。以北冰洋为例，冬季海冰总面积约为 1000 万 km²，占整个北冰洋总面积的 70%；夏季缩小至 800 万 km²，约占北冰洋面积的一半。北冰洋海冰平均厚度约为3 m，中央区的海冰已持续了约 300 万年，属永久性海冰。因而，在 70°N 以北洋区，存在永久性冰盖，几乎把北美洲与欧洲连在一起。

北冰洋的永久性冰盖并不是一成不变的，而是随着季节的变化而有所不同。北冰洋的边缘海,除挪威海和巴伦支海的西南部,因大西洋暖流的影响,冬季一般不结冰外,其余海区冬季都会有约 1 m 厚的岸冰和当年冰;到夏季大部分融化,遗留下的流冰和冰块,对航行也会产生威胁,即使在盛夏时节,也需要破冰船协助开辟航道。北冰洋中部和距离北美大陆不远处的洋面夏季仍然覆盖着重冰,无法通航。

永久冰区并不是一马平川的冰原,因受风和海流的影响,冰层间相互碰撞堆积,使冰面出现高低不平的冰沟、冰窟窿和冰丘。北冰洋虽然被冰覆盖了大部分,海洋环流每年仍然携带一些漂浮的冰山和冰块,穿过格陵兰海进入北大西洋或通过北极群岛海峡进入巴芬湾。据估计,每年约有 1 亿 t 海冰进入大西洋,给海上航行和生产带来极大威胁。

总的看来,北半球冰的总量只有南极海域的 1/10,且主要集中在北冰洋和格陵兰海区,南半球的海冰主要集中在南极大陆的四周。由于南极大陆被巨大的冰体覆盖,冰面呈微凸形,中央部分冰厚达几千米。因受本身巨大的压力,冰盖由中心向四周缓慢地运动,每年超过 10 cm。当到达边缘时,便伸向周围的大洋,形成了漂浮海面的冰架,被称为陆缘冰。陆缘冰的表面较为平坦,各处的宽度不同,在大西洋南端的威德尔海曾有 2500 km 宽的陆缘冰,靠南太平洋海域的陆缘冰平均宽 1000 km。罗斯冰架是世界上最大的浮动冰架(图 1-19),面积约有 50 万 km²,相当于法国本土的面积;菲尔希纳冰架位于威德尔海域,面积约为罗斯冰架的 1/5。据统计,南极大陆四周沿岸有300 多个大小不同的冰架。它们是南半球海冰的主要来源。到了冬季,南大洋除了大的冰山外,多是一两米厚的大块浮冰,40°S 以内的海域甚至被覆盖 1/3。这些冰大多是新生冰,到夏季即融化掉大半。只有环绕南极边缘海区,才存在多年生的海冰。

图 1-19 罗斯冰架

除南、北两极的海域外,其他高纬海域都是新生的当年冰。随着海温下降而结冰,温度回升后即行消融。北太平洋的白令海、鄂霍次克海和日本海的北部,冬季都有结冰。大西洋与北冰洋相通,冬季海冰更盛,在格陵兰岛、戴维斯海峡和纽芬兰岛一带,都有海冰的踪迹；尤其是格陵兰岛和纽芬兰岛附近，更是海冰最活跃的区域。我国北方海域，每年冬季也有海冰出现。

(五) 中国海冰事件

我国海冰虽不严重，但特殊天气下也会形成严重的冰封。1917 年 1 月，胶州湾海面 90% 被冰封冻，大港入口处冰厚达 1 m，坚冰把日本货船"西京丸"拒之港外，使其进退两难，只有望冰兴叹。1936 年 1 月，风雪隆冬，莱州湾西岸出现了宽达 30 多千米的固定冰，胶州湾东部冰封，湾内浮冰四处漂动，大、小港全被冰封闭，许多船只不能进出。据资料记载，小港的冰上面人可以跑动，这为当时的胶州湾平添了一道特殊风景线。1947 年，辽东湾遭受冰灾，在滦河口以北曾出现高 10 m、长 200 m、宽 70 m 的"冰山"。

1957 年是我国冰灾较严重的一年，胶州湾尤为突出，小型港冰厚达 15 ~ 20 cm，最厚处达 30 cm；中型港完全被冰封冻，船只无法进出；大港 6 号码头完全被厚达 10 ~ 20 cm 的冰封住，运输中断。沧口湾以北及红岛沿岸冰厚 10 cm，重叠冰厚 40 ~ 80 cm，连栈桥附近海面也结了 300 ~ 500 m 宽的薄冰，实属多年不遇。这次冰灾，对港口造成很大破坏，大港航道上多座浮标被流冰割断，铁链随之漂走，有的被流冰快速移位、搁浅。沿岸渔民养殖的约 2.7 hm² 海带因缆绳被流冰割断而损失大半。

1969 年，渤海出现了有记载以来的最大冰情。整个渤海海面几乎全被浮冰覆盖，影响范围直达渤海海峡，冰厚一般为 20 ~ 40 cm，最厚达 80 cm，最大冰块的面积达 70 km²，由于风和海流的作用，使冰块互相挤压，在海面上堆立起来，高达 2 m，近岸最高达 9 m，足有 3 层楼高。黄海北部结冰范围达到 30 m 海水等深线附近，使海上建筑物遭到严重破坏。海冰对海上交通运输也造成极大影响，从 2 月 5 日到 3 月 6 日的一个月时间内，进出天津塘沽港的 123 艘货轮全部受到影响，其中有 7 艘船被流冰推移搁浅；58 艘轮船被浮冰挟住寸步难行；5 艘万吨级货轮的螺旋桨被冰块撞坏。航道灯标全部被海冰挟走，去向不明。海上石油钻井平台亦未能幸免，渤海油田"海一井"平台支座的拉盘全部被海冰割断；"海二井"生活设备和钻井平台均被海冰推倒。同处渤海湾的龙口港、秦皇岛港、营口港，在航运、军事设施、海上工程、海水养殖等方面，均遭受巨大损失。

九、海雾

海雾是海洋上低层大气中的一种水汽凝结(华)现象，由于水滴或冰晶(或二者皆有）的大量积聚，使水平能见度降至 1 km 以下，雾的厚度通常在 200~400 m。海雾在海上形成后，会随风飘移，向下风向扩展。

在沿海地区，海雾可以深入陆地，有时达几十千米，登陆后的海雾，仍保持海雾的特征，但在新的环境影响下，很快变性消散，或变成低空云。在近海处，登陆的海雾虽不断消散，但不断有新的海雾从海上补充，所以沿海地区海雾有时会持续几天。海雾无论在海上还是在沿岸地带，都会对交通运输、海洋捕捞和海洋开发工程以及军事活动等造成不良影响。此外，雾中的盐分对建筑物的侵蚀也是不可忽视的。海雾预报不仅对海上和沿海地区的工业、交通和农渔业具有重大意义，对海军和航空部队也非常重要。

（一）海雾的分类

按照雾的形成原因，大致可以将雾分为两大类：一类是受下垫面影响而形成的雾，如平流雾、混合雾和辐射雾等；另一类是受特定天气系统影响而生成的雾，如锋面雾。其他还有受海岛、海岸等地形影响形成的雾。另外，大气层结的改变可使海雾升高变为层云，也可以使层云降低变成海雾。我国东南沿海地带和美国西海岸都有这种现象发生。

海洋上的雾主要是平流雾，其次是锋面雾。平流雾是在某些特定的天气形势下，低空暖湿气流移到冷海面上形成的。受海洋表面热力状况影响，平流雾在短时间内相对稳定少变，因此天气条件是平流雾能否生成的主要因素。锋面雾更是和冷暖空气活动紧密联系在一起。实际上，同一天气系统在不同海区，其性质差异可能很大，在不同的季节和海区，成雾的天气形势也可能不同。

1. 平流雾

由于空气的平流作用，海面上容易生成雾。所形成的雾又可细分为两种。

（1）平流冷却雾。平流冷却雾也称为暖平流雾，它是暖气流受海面冷却，最终使水汽凝结形成雾。平流冷却雾的特点是比较浓、雾区范围大、持续时间长、能见度小等，且多发生在春季。平流冷却雾发生地区包括北太平洋西部的千岛群岛海域、北大西洋西部的纽芬兰附近海域以及我国黄海北部海域。

（2）平流蒸发雾。平流蒸发雾也称冷平流雾或冰洋烟雾。由于海水不断蒸发，当空气中的水汽含量达到饱和时就会形成雾。冷空气运动到暖海面上，由于低层空气下暖上冷，层结不稳定，所以即使雾区比较大，但雾层不厚，雾也不浓。从两极区域流出的冷空气到达其邻近暖海面上空时，平流蒸发雾就会形成。

2. 混合雾

混合雾又分为两类，即冷季混合雾和暖季混合雾。

(1)冷季混合雾。当海上风暴产生的空中降水蒸发,使空气中的水汽接近或达到饱和状态的时候,这种空气与从高纬度来的冷空气混合就形成冷季混合雾。冬季是这种雾的高发期。

(2)暖季混合雾。当海上风暴产生的空中降水蒸发,使空气中的水汽接近或达到饱和状态的时候,这种空气与从低纬度来的暖空气混合就形成暖季混合雾。夏季是这种雾的高发期。

3. 辐射雾

辐射雾包括浮膜辐射雾、盐层辐射雾和冰面辐射雾三种。

(1)浮膜辐射雾是指漂浮在港湾或岸滨的海面上的油污或悬浮物结成薄膜,晴天黎明前后,因辐射冷却而在浮膜上产生的雾。

(2)盐层辐射雾是指风浪激起的浪花飞沫经蒸发后留下盐粒,借湍流作用在低空构成含盐的气层,夜间因辐射冷却,在盐层上面生成的雾。

(3)冰面辐射雾是指高纬度冷季时的海面覆冰或巨大冰山面上,因辐射冷却而生成的雾。

4. 锋面雾

锋面雾是在冷暖空气交界的锋面附近产生的。在锋面上暖气团中产生的水汽凝结物(如雨滴)落入较冷的气团内,经蒸发使近地面的低层空气达到饱和而形成的雾,称为锋面雾。由于这种雾是与锋面降水同时发生的,所以又常称为雨雾。

5. 地形雾

地形雾包括岛屿雾和岸滨雾。岛屿雾是因空气爬越岛屿过程中冷却而成的雾;岸滨雾产生于海岸附近,夜间随陆风飘移蔓延于海上;白天借海风推动可飘入沿岸陆地。

(二)东海海雾造成沉船事故

我国东海海域一般3月出现海雾,4—6月最盛,7月消散。以长江口至舟山群岛海域最为典型,年均雾日约60天。福建与浙江温州间海域的海雾集中出现在4—5月,舟山群岛海雾出现在6月,中心区雾日多达15天。

1993年5月2日清晨,舟山群岛海域薄雾缭绕,海面像蒙上了一层面纱。这个季节正是冷暖气团在东海交汇的时候,阵阵海雾由南向北袭来,整个海面上雾气腾腾,能见度只有几十米,加之渔汛来临,东南沿海各省数以百计的渔船云集于此,使本来就繁忙的航线更加拥挤。这时,我国"向阳红16"号科学考察船,为执行经联合国批准的中国大洋矿区调查任务,于5月1日从上海港启程,前往太平洋中部夏威夷群岛附近海域,进行深海金属矿产的考察(图1-20)。当考察船驶出长江口外海,到达 29.12°N，124.28°E 处，时针正指向 5 点 05 分。突然，剧烈的震动使船舱里的物品纷纷落地，还在睡梦中的科考人员都被惊醒。随后，"嘎嘎"的钢板撕裂声在晨雾中格外刺耳，让人惊心动魄。紧接着，船体又剧烈地震动了几次。船上的报警信号骤然响起，可只响了两声便消失了。几分钟后，海水向船舱猛烈涌进，船体开始倾斜下沉。当确定已无力自救时，船长发出了"弃船"的命令。船员急忙施放救生艇，由于右舷已严重破损变形，悬挂在那里的救生艇也被撞坏，无法使用；船员们只得集中在左舷，用斧头砍断绳索，放下两艘救生艇和两个橡皮筏。5 点 25 分，船长最后一个离船，与 106 名生还者登上救生艇。5 点 37 分，所有人员默默注视着为中国海洋事业做出巨大贡献的"向阳红 16"号科学考察船——它船尾向下，船头朝上，急速地沉入东海。

图 1-20　"向阳红 16"号科学考察船

　　这次考察船的沉没，是几十年来罕见的事故。这次海难的起因是一艘载重量 38 万 t 的塞浦路斯籍"银角"号货轮，无视雾天航行的规则，结果撞向"向阳红 16"号右舷。"银角"号巨大的船鼻，如一把利斧直插入考察船的机舱，瞬间舱内便灌满了水，发动机立即失去动力，电源中断，连第三声警笛都未及拉响，就迅速沉没。这次事故造成近亿元人民币的损失，严重影响了我国向联合国承诺的勘察洋底锰结核任务，并有 3 名科考人员，因舱门被挤压变形无法逃生，以身殉职。

　　"向阳红 16"号船是 1981 年建造的现代化科学调查船，这个系列的调查船共有 3 艘，"向阳红 16"号是其中一艘，排水量为 4400 t，最大航速 19 kn，续航能力达 1 万 nmile，能抗 12 级风力。船上装有先进的通信导航设备、海洋各学科实验室和仪器，可在除极地以外的所有大洋海域，进行综合科学考察研究工作。该船自下水以来，已 5 次赴太平洋进行考察，多次在中国近海执行常规调查。以船上配备的先进导航设备，在雾区航行是没有问题的。但是，由于对方违反航行规则，当发现"向阳红 16"号在其前方时，仍未采取紧急防碰措施，最终酿成船毁人亡的惨剧。

（三）神奇的"雾牛"

青岛是一个多雾的城市。每年 3—7 月，滚滚的海雾不时从海上飘荡而来（图 1-21）。1976 年 4 月，青岛胶州湾内连续 4 天浓雾，造成 3 艘货轮在同一块礁石上触礁搁浅。每当海雾来临时，都会给人们的生活和生产带来诸多不便，特别是海上航行的船只，遇上这种多雾天气，船员们就会忧心忡忡。可是，就在这时，一阵阵低沉的"哞哞"的牛吼声从海上传来。这种声音的不断出现，给周围沉寂的氛围增添神秘的色彩。这声音对那些正在茫茫雾海中航行的海员们来说，就像亲人们报平安的呼唤声。

图 1-21　青岛海雾

这种牛吼声，对青岛市民来说并不陌生。可是，很多居民至今也不清楚这究竟从何而来，只是传说这是一头不知疲倦的"老牛"，在怀念它的同伴时发出的吼叫声，因而大家不约而同地称呼这头老牛为"雾牛"。

青岛居民已听惯了"雾牛"低沉的吼声。在雾天若听不到那熟悉的"哞哞"声，反而使人们觉得不安——担心"雾牛"是否遭遇不测。由此关于"雾牛"的传说也就越来越多，有的还颇具神话色彩。传说 19 世纪末，德国殖民者占领青岛期间，派了很多传教士到山东传教。传教士们在回国时，每人都携带了很多从中国搜刮的古玩珍宝。有一天在装船过程中，突遇浓浓大雾袭来，顿时天昏地暗，伸手不见五指。这时，一对准备运走的铜牛趁机逃跑，它们跳入海中后，其中一头因过不惯海底的寂寞生活，又回到岸上。只剩下孤独的一头铜牛，仍长期隐居海底，只是每当海上起雾时，铜牛就钻出水面，"哞哞"地叫唤。这个传说对到青岛观光的游客颇具吸引力。特别是雾天，人们只闻其声，不见其影，更增添了几分神秘的色彩。

其实，"雾牛"是 20 世纪初德国殖民者占领青岛后修建的电雾笛，其工作原理与蒸汽火车头上的汽笛是一样的。1954 年，我国有关部门又在胶州湾团岛灯塔上安装了新的电雾笛。它是一个大功率的电喇叭，装在灯塔顶部，面对航道，属导航设备。每当海雾来临，人工启动开关，电雾笛便每半分钟鸣发 4 次响声，周而复始，连续不断直至能见度大于 2 nmile 时才关闭。雾笛安装在青岛市区的西南角，笛声可传至 5 nmile，胶州湾沿岸和青岛市区的人都能听到。

十、"厄尔尼诺"现象和"拉尼娜"现象

"厄尔尼诺"是西班牙语"圣婴"的意思。"厄尔尼诺"现象与另一现象"南方涛动"合称为 ENSO。"厄尔尼诺"是秘鲁、厄瓜多尔一带的渔民用以称呼一种异常气候现象的名词。主要指太平洋东部和中部的热带海洋的海水温度异常地持续变暖，使整个世界气候模式发生变化，造成一些地区干旱而另一些地区又降雨量过多。

"拉尼娜"指的是"厄尔尼诺"现象的反相。"拉尼娜"是西班牙语"圣女"的意思，通常发生在"厄尔尼诺"之后，但不是每次都这样。"拉尼娜"发生时，由于大气环流以及副热带高压的变化，使我国的夏季风明显增强，强劲的夏季风将大量暖湿空气带到内陆，使我国北方地区夏季降水增多(图 1-22)。

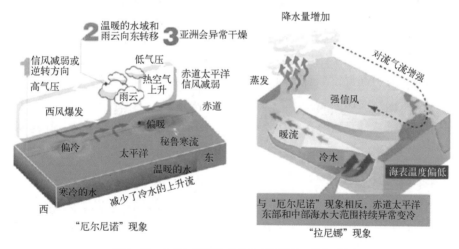

图 1-22 "厄尔尼诺"现象和"拉尼娜"现象成因

(一)"厄尔尼诺"之谜

早在 1934 年，"厄尔尼诺"现象就引起了人们的注意。这一年，在南美秘鲁沿海一带，降雨量特别大，几乎是往年的 4 倍。海水温度也明显升高，12 月水温高出常年 5℃；深水的鱼群纷纷上浮，人们在海边可以随意捉到，以为是上帝所赐。1937 年圣诞节前后，又出现类似现象。直到 20 世纪 60 年代后期，人们发现这种现象竟与世界气候

异常有联系，这才引起多方关注，秘鲁政府遂提请联合国等有关组织，动员世界各国的力量，来探索"厄尔尼诺"之谜。

关于"厄尔尼诺"现象的起因，众说纷纭，大致可以归纳为以下几种。

1. 地球自转速度大幅度减缓所致

地球自转速度变化，分为长期、季节性和不规则变化 3 种。不规则变化最为复杂，可以突然变快或变慢；根据对 1956—1985 年间的 7 次"厄尔尼诺"现象的研究，有 6 次发生在地球自转速度突然减慢的第二年，使赤道附近海水获得了较多的东南向的动量，引起南赤道流减弱，导致北赤道逆流的涌进，温暖的海水大规模南侵，导致"厄尔尼诺"现象发生。

2. 由海底火山爆发和熔岩活动引起

秘鲁附近海域正处在加拉帕戈斯断裂带，常有地下岩浆溢出或热液强烈喷发，使深层海水突然升温，从而引发"厄尔尼诺"现象。据此，一些科学家发现，20 世纪 20—50 年代，是火山活动的低潮期，其间"厄尔尼诺"也很少出现，即使出现，强度也较弱。进入 60 年代，世界各地火山活动频繁，"厄尔尼诺"现象发生的次数也相应增多，强度也明显增大。根据近百年资料统计，75% 左右的"厄尔尼诺"现象发生在强火山爆发的第二年。二者之间是否有关，有待于继续验证。

3. 大气污染

温室气体排放引起温室效应、气候变暖。长期以来，由于工农业生产的发展，二氧化碳和甲烷等温室气体大量排放，温室效应促进大气变暖。通过对近 100 年的温度记录研究发现，全球气温已上升了 0.3~0.6℃，且有愈来愈快的趋势。气候变暖与"厄尔尼诺"现象之间的关系已成为许多学者特别关注的问题。

4. "南方涛动"现象的影响

"南方涛动"影响了东南信风的强弱，导致南赤道流的异常，引发了"厄尔尼诺"现象。这是 20 世纪 60 年代挪威气象学家威廉·皮耶克尼斯首先提出的观点。他将"南方涛动"现象与"厄尔尼诺"现象联系起来，把研究的重点放在热带海洋。他选取了太平洋上 4 个区域进行观测，发现当海区内水温上升 0.5℃时，即有可能是"南方涛动"与"厄尔尼诺"现象出现的先兆。由此发现"南方涛动指数"变化趋势，与"厄尔尼诺"现象出现有关。

除上述几种说法外，有的学者还提出"厄尔尼诺"与大洋暖水团大范围的运动有关，特别与"黑潮大弯曲"有一定联系等。总之，"厄尔尼诺"现象的发生，不是单一因素所能解释的。目前，人们对它的认识比过去深入许多，随着研究工作的不断深入，"厄尔尼诺"之谜终将大白于天下。

(二) 可怕的"圣婴"

"厄尔尼诺"在西班牙语中是"圣婴"的意思。19世纪初，秘鲁渔民就发现每年10月至次年3月都会出现一支沿厄瓜多尔海岸向南的微弱洋流，它会使南美沿海的海水增温，由于这种现象经常发生在圣诞节前后，故得此名。

"厄尔尼诺"现象是赤道地区太平洋海域大范围内海洋和大气相互作用后失去平衡产生的一种气候现象。正常情况下，热带太平洋区域的季风洋流是从美洲流向亚洲，使太平洋表面保持温暖，给赤道附近带来热带降雨。但这种模式每2~7年被打乱一次，使风向和洋流发生逆转，太平洋表层的暖流就转而流向美洲，随之便带走了热带降雨，"厄尔尼诺"现象就此形成。

从20世纪70年代开始，"厄尔尼诺"现象愈发频繁，每4~5年出现一次。至1997年的20年中"厄尔尼诺"现象分别于1976—1977年、1982—1983年、1986—1987年、1991—1993年和1994—1995年出现。

在1982—1983年，"厄尔尼诺"现象持续了将近两年，赤道地区太平洋东部海域的海水增温达3~7℃。这次影响是世界性的，它使地球的海洋及大气系统受到严重干扰：欧洲南部、非洲东部和南部、印度南部和斯里兰卡、菲律宾和印度尼西亚、苏联的亚洲部分、澳大利亚、墨西哥、巴西东北部、美国的夏威夷以及我国的华北和西北都遭受了几十年甚至上百年未遇的严重旱灾；而法国、联邦德国、美国西部、古巴，南美洲的厄瓜多尔、秘鲁、玻利维亚、巴拉圭、阿根廷、巴西南部及我国江南等地均先后遭受多年未遇的暴雨洪水袭击。此外，台风、冰雹、龙卷风、雪灾、冻灾等气象灾害不胜枚举。这次"厄尔尼诺"现象造成全世界约1500人死亡，直接经济损失达200亿美元以上。

1997年春夏之交的"厄尔尼诺"现象来势尤其凶猛，所引发的暴风雪、飓风、暴雨、洪涝、干旱、高温等异常气候现象肆虐全球的五大洲。世界气象组织专门为此发表的一项调研报告称，1997年3月开始的"厄尔尼诺"现象即太平洋热带地区海面温度异常增高现象的范围和它导致的全球气候异常的范围，都超过1982—1983年那次，创100多年来的最高纪录，太平洋东部至中部水面温度高出常年值3~4℃；我国长江流域出现大洪水、华南地区持续暴雨；东南亚地区发生大规模的森林火灾。

进入21世纪，在20年的时间里，"厄尔尼诺"先后出现于2002—2003年、2004—2005年、2006—2007年和2009—2010年。

2009年5—12月，太平洋水域温度持续上升，这将不可避免地引发第二年全球范围内的天气湍流。受"厄尔尼诺"现象影响，非洲、大洋洲、亚洲发生了持久性干旱；卡拉奇地区的恒河、印度河等河流的水位已经低于警戒水位；北极海冰加速融化；而发生在澳大利亚、阿根廷、我国北部和南美内陆的玻利维亚的干旱，已经对食品供应和水源供应产生了很大的影响，甚至导致全球的农产品供求关系趋于紧张。

(三)截然不同的"拉尼娜"

"拉尼娜"现象，又称"反圣婴"现象，是一种和"厄尔尼诺"现象相反的现象，因此用西班牙语中"厄尔尼诺"的阴性名词"拉尼娜"表示。

"拉尼娜"现象指的是太平洋中东部海水异常变冷的情况，表现为东太平洋明显变冷，同时也伴随着全球性气候紊乱。东北信风将表面被太阳晒热的海水吹向太平洋西部，致使西部比东部海平面增高将近60 cm，西部海水温度增高，气压下降，进而潮湿空气积累形成台风和热带风暴，东部底层海水上翻，致使东太平洋海水变冷(图1-23)。

图1-23 "拉尼娜"现象

太平洋上空的大气环流称为沃尔克环流。当沃尔克环流变弱时，海水吹不到西部，太平洋东部海水变暖，就是"厄尔尼诺"现象；当沃尔克环流变得异常强烈，就产生"拉尼娜"现象。

一般来说，"拉尼娜"现象会随着"厄尔尼诺"现象接踵而来，有时"拉尼娜"现象会持续两三年。随着"厄尔尼诺"的消失和"拉尼娜"的到来，全球许多地区的天气与气候也将发生转变。"拉尼娜"现象也可能给全球许多地区带来灾害，但其强度和影响程度不如"厄尔尼诺"。

"拉尼娜"现象会造成全球气候异常。包括使美国西南部和南美洲西岸变得异常干燥，并使澳大利亚、印度尼西亚、马来西亚和菲律宾等东南亚地区降雨量异常增多以及使非洲西岸及东南岸、日本和朝鲜半岛异常寒冷。在西北太平洋区，热带气旋影响的区域会比正常年份偏南和偏西。

虽然人类发现"拉尼娜"现象已超过500年，但还是无法确切地掌握它的行踪。2008年，"拉尼娜"现象肆虐，世界上多个国家都遭受了有史以来最为严重的低温、风雪灾害；仅我国，当年年初的南方雪灾所造成的直接经济损失就超过 1500 亿元人民币。

(四)"拉尼娜"形成之谜

赤道地区太平洋东部海域海水温度降低、信风的增强与"拉尼娜"现象相关。所以从某个方面来说，"拉尼娜"现象是热带海洋和大气共同作用的结果。所谓信风是指低空从副热带高压带吹向赤道低气压带的风，在北半球被称为"东北信风"，南半球被称为"东南信风"。在很久之前，居住在南美洲的西班牙人利用这一恒定的偏东风航行到东南亚地区开展商务活动。所以，在他们看来，信风就是贸易风。

海洋表层的运动是多种因素综合作用的结果，但主要是受海洋表面风的影响。经过研究，学者们认为，在信风的作用下，大量温暖的海水被送到赤道地区太平洋西部海域，到赤道地区太平洋东部海域的时候暖水就会被刮走，此时主要靠海面以下的冷水进行补充，与西太平洋相比，东部海域水温稍低。当信风加强的时候，赤道地区太平洋东部海域深层海水有着更加剧烈的上翻现象，这必然导致海表温度偏低、气流在赤道地区太平洋东部海域下沉，但是西部海域气流有着非常明显的上升运动，对加强信风非常有利，使得赤道地区太平洋东部海域冷水增多，从而形成"拉尼娜"现象。

专题二　海洋旅游

　　人们在一定的社会经济条件下，以海洋为依托，满足精神和物质需求为目的而进行的海洋游览、娱乐和度假等活动所产生的现象和关系的总和，称为海洋旅游。随着人们生活水平的提高、休闲时间的增加以及旅游向高档化、多样化发展，海洋旅游进入了一个新时代。随着越来越多的海洋旅游者向往能彰显个性的旅游，21 世纪也被称为海洋旅游世纪。

　　本专题从人类最初带有探险性质的海洋旅游出发，到 21 世纪初海洋旅游的兴起、现状及未来海洋旅游的畅想，简述了海洋旅游的发展史。又从海洋资源的开发，海洋旅游产业效益，海洋旅游资源的保护及可持续发展等角度进行了深层次阐述和介绍。让读者多角度了解海洋旅游知识。

　　学习目标：了解海洋旅游的相关知识，了解当前世界主要海洋旅游强国，熟悉海洋旅游的经济效益与社会效益。通过欣赏大海美景，建立对海洋的关爱之情，树立人和海洋和谐统一发展的价值观。

一、海洋旅游概述

生命源于海洋，海洋对于人类而言，既是生命的摇篮，也是休憩的乐园。人们在一定的社会经济条件下，以海洋为依托，满足精神和物质需求为目的而进行的海洋游览、娱乐和度假等活动所产生的现象和关系的总和，称为海洋旅游。

(一)海洋旅游时代的来临

随着人们生活水平的提高、休闲时间的增加以及旅游的高档化、多样化发展，全世界越来越多的游客被海洋的神秘和迷人景色吸引着，世界海洋旅游人口呈逐渐增加趋势，海洋旅游进入了一个新时代，海洋旅游产业近年来迅猛发展。21世纪被称为海洋旅游世纪。

(二)海洋旅游业发展特点

海洋旅游业已经成为世界海洋经济的最大产业之一，海洋经济的发展，离不开海洋旅游业的发展。可以说海洋经济发达的国家，海洋旅游业在其中也起着非常关键的作用。

海洋旅游业发展呈现以下三大特点。

(1)海洋旅游在世界旅游业中占有举足轻重的地位并且呈现强势增长态势。在全世界旅游收入排名前25位的国家和地区中，沿海国家和地区有23个，这些国家和地区的旅游业总收入占到全球旅游业收入的近70%。

(2)海洋旅游在各国国民经济中所占地位日趋重要。在西班牙、希腊、澳大利亚、印度尼西亚等国，海洋旅游业已经成为国民经济的重要产业或支柱产业；许多热带、亚热带的岛国，海洋旅游业已成为其最主要的经济收入来源，有的甚至占到国民经济比重的一半以上。

(3)热带和亚热带目的地在世界海洋旅游中占主导地位，形成了一批世界级海洋旅游目的地。目前最具市场影响力的世界级海洋旅游目的地主要包括地中海地区、加勒比海地区和东南亚地区；而南太平洋地区和南亚地区正在迅速成为世界海洋旅游的新热点。

(三)海洋旅游文化多元发展

这些世界级海洋旅游目的地，尽管其开发时间和发展背景各不相同，但共同的特点是，很好地把握并且利用了各自拥有的内部条件和外部机遇。大多数世界级海洋旅游目的地都具有优越的自然条件和独特的文化背景。从地中海、加勒比海、东南亚、南太平洋到美国夏威夷和南亚的马尔代夫、斯里兰卡，土著民族的生活方式、多民族交融的文化背景、传统文化积淀与现代时尚元素的结合，不仅成为最有魅力的旅游吸引物，也构成了旅游目的地的独特形象。

渐渐地，人们不再满足于欣赏海洋景观、享受海水浴场的旅游方式，他们更希望使自己融入海洋文化之中。越来越多的人希望在海洋空间里居住和旅游。海洋生态游、海上旅游、岛屿旅游、渔村体验等多种旅游形式的出现，丰富了海洋旅游活动，使海洋旅游文化呈多元发展。

二、海洋旅游历史

人类海洋旅游历史，从早期的海洋探险开始。

（一）早期海洋探险

人类最初的海洋旅游带有探险的性质，旅行者们往往带着生存和发展的任务或目的走向了海洋。

世界海洋探险最早可以追溯到 3000 多年前的腓尼基人（Phoenician）。他们是以娴熟的航海技术进行海上贸易为生的海上民族，统治了地中海 1000 多年。到了 9—14 世纪，即"地理大发现"前夕，随着远航能力的提高，许多探险家远洋航行，写下了不少介绍风情的游记。最著名的有阿拉伯人撰写的《苏莱曼游记》和意大利人撰写的《马可·波罗游记》。到了 15—17 世纪，从葡萄牙的亨利王子派出船队进行了欧洲历史上的首次大规模海上探险，到麦哲伦完成的人类历史上的首次环球探险，海洋探险达到了鼎盛时期。18 世纪以后属于"地理大发现"时代，以"哥德堡"号为代表的跨国商船开始了全球海上贸易，推动了"海上丝绸之路"的发展。这一时期称为海上贸易时期。

1. 海上民族——腓尼基人

据文献记载，人类海洋旅行最早可能开始于腓尼基人。早在 3000 多年前，腓尼基人就开始在地中海进行海洋旅行，西起直布罗陀海峡，东到波斯湾，北至波罗的海，南到好望角，都留下了他们的足迹，所以，腓尼基人也被称为"海上民族"。

腓尼基是古代地中海东岸一系列小城邦的总称，相当于今天的黎巴嫩和叙利亚沿海一带。腓尼基人是一个古老的民族，自称闪米特人（又称闪族人）。公元前 12 世纪初，腓尼基达到极盛时期。公元前 9 至前 7 世纪，腓尼基各城邦多次加入叙利亚各国反对亚述的同盟，均告失败。公元前 6 至前 4 世纪，腓尼基各城邦先后被新巴比伦王国征服，后又成为波斯帝国的第五个行省。前 32 年，亚历山大大帝东征，在推罗遇到顽强抵抗，最终获胜。此后，腓尼基人先后处于希腊人、罗马人的长期统治下，逐渐与其他民族融合。腓尼基人擅长海上贸易和建立殖民地，他们驾驶着狭长的船只踏遍地中海的每一个角落，每个港口都能见到腓尼基商人的身影。

恶劣的生存环境，极大地激发了腓尼基人在手工业和商业上的天赋，不仅贩卖自己制作的各种精美的手工艺品，如玻璃花瓶、珠宝饰物、金属器皿和武器等，还销售来自各个地方的特产。腓尼基人不但是精明的商人，更是航海能手。他们在地中海沿岸建立了许多商站或殖民地，最大的城市是推罗，有人考证说是今黎巴嫩的苏尔，还有人说是今法国的马赛或北非的迦太基（今突尼斯境内）等，腓尼基人逐渐成为海洋霸主。

2. 海上游历时期

公元 9 世纪，阿拉伯帝国阿拔斯王朝的探险家苏莱曼凭借最为原始的航海工具进行了一次惊人的海上旅行，他从撒那威港出发，经阿拉伯海到达印度南部的喀拉拉邦。当苏莱曼绕过印度南端后，当时几乎没有水手敢冒险进入看不到陆地的外海，但他进行了一次大胆尝试，向东横渡印度洋接近了赤道，到达现在的马来西亚，并在最后一次旅行中来到中国南方的广州。在 851 年出版的《苏莱曼游记》中就记述了他所经过的海区、岛屿以及广州的阿拉伯商人聚居地的风土人情。

《马可·波罗游记》是世界历史上第一本将中国全面介绍给欧洲人的游记。游记中以 100 多章的篇幅，记载了中国 40 多个地方，对当时中国的自然和社会情况进行了详细描述。作者马可·波罗因此被誉为"中世纪的伟大旅行家"，中西交通史和中意关系史上的友好使者。

马可·波罗出身于威尼斯一个商人世家，父亲和叔父常奔走于地中海东部，进行商业活动。1260 年，他的父亲和叔父经商到伊斯坦布尔，后来又到中亚的布哈拉，在那里他们俩遇到了波斯使臣，并和使臣一起到了中国，并觐见了元世祖忽必烈。1269年，马可·波罗的父亲和叔父回到了威尼斯，他们从东方带回的动人见闻，使得马可·波罗既羡慕又向往，他也很想亲眼见识一下这个神秘的国度。两年之后，马可·波罗的美好愿望实现了。1271 年，他的父亲和叔父再次动身去中国，决定带马可·波罗同行。他们由威尼斯起程，渡过地中海，到达小亚细亚半岛，经由亚美尼亚折向南行，沿着美丽的底格里斯河谷，到达伊斯兰教古城巴格达，由此沿波斯湾南下，向当时商业繁盛的霍尔木兹前进，继而从霍尔木兹向北穿越荒无人烟的伊朗高原，折而向东，在到达阿富汗的东北部时，马可·波罗由于适应不了高原山地的生活而病倒，只好停下来休养。一年之后，马可·波罗恢复了健康，继续前进。经过翻越帕米尔高原的艰苦行程,久病初愈的马可·波罗,以坚强的毅力,克服了困难,抵达喀什;之后又沿着塔克拉玛干沙漠的西部边缘行走,到达叶尔羌绿洲,继而向东到达和田和且末,再经甘肃、宁夏、陕西、山西,历时三年半,于 1275 年夏来到元上都(今内蒙古自治区锡林郭勒盟正蓝旗境内)。

根据游记记载,马可·波罗从大都(今北京)出发,经由河北到山西,自山西过黄河进入关中,然后翻越秦岭到四川成都,大概再由成都西行到建昌,最后渡金沙江到达云南的昆明。他还去过江南一带,所走的路线似乎是取道运河南下,他的游记里有对淮安、宝应、高邮、泰州、扬州、南京、苏州、杭州、福州、泉州等城市的记载。其中在扬州他还担任官职三年。此外,马可·波罗还奉忽必烈之命访问过东南亚的一些国家,如印度尼西亚、菲律宾、缅甸、越南等国。他的游记还记述了中亚、西亚、东南亚等地区许多国家的风俗人情,给新航线和航海事业的发展带来了重大影响。

(二) 中国海洋探险历史

《山海经》是中国记载有关海洋的最早典籍,是一部先秦时期富于神话传说色彩的古老的地理书。它主要记述古代地理、物产、神话、巫术、宗教等,也包括古史、医药、民俗、民族等方面的内容。除此之外,《山海经》还记载了一些神话故事,最具代表性的有夸父逐日、女娲补天、精卫填海等。《海经》中的《海外经》主要记载海外各国的奇异风貌;《海内经》主要记载海内的神奇事物。

商周时期,人们不仅会制造船舶,还能制帆,利用风力航行。甲骨文用"凡"表示"帆",说明殷人行船已经使用帆,不过,这时的"帆"一般主要用在内陆江河航行中。

到了春秋战国时期,各国海上活动兴起,人们航海的地理知识逐渐增加,将我国沿海水域划成"北海"(今渤海)、"东海"(今黄海)和"南海"(今东海)。这一时期,人们对二十八星宿和一些恒星进行了定量观测,取得了可喜成果,并把海上航行与天文学相结合,利用北极星为航行定向。战国时期,"司南"已发明,但主要用于陆上定位。

先秦时期,人们在认识风的同时,也对一些气象学知识有所了解,如《尚书·洪范》中记载的"月之从星,则以风雨"都是人们在航行中注意天气变化而总结出的经验规律。这一时期,人们对海洋水文特别是潮汐有了一定的了解。当时人们已经知道趁涨潮出海,利用海洋定向潮流,顺流而下。总之,先秦时期我国的航海技术已有一定的基础,人们对海洋的认识逐渐深入,对洋流、风力、潮汐和海上天文、气象知识有一定的认识。

秦汉时代的远洋航海,人们已开始自觉使用季风航海。中国人已掌握了西太平洋与北印度洋的季风规律,并已应用于航海活动。实际上,东汉应劭在《风俗通义》已经提到"五月有落梅风，江淮以为信风。""落梅风"即梅雨季节以后出现的东南季风。这说明当时的人们已经掌握利用季风进行航行的技术，也从侧面体现了当时造船技术的发展。

秦朝，徐福上书说海中有蓬莱、方丈、瀛洲三座仙山，有神仙居住。秦始皇为了长生不老，派徐福率领童男童女数千人以及可供三年的物资入海求仙，耗资巨大。但徐福率众出海数年，并未找到神山。前210年，秦始皇东巡至琅琊，徐福推托说出海后碰到巨大的鲛鱼阻碍，无法远航，要求增派射手对付鲛鱼，秦始皇应允，派遣射手射杀了一条大鱼。后徐福的船队再度出海，从山东的琅琊出发，顺着洋流到达"平原广泽"（可能是今天的日本九州）。他觉得当地气候温暖、风光明媚、人民友善，便安顿下来自立为王，教当地人农耕、捕鱼、捕鲸的方法。此后，徐福就在日本居住下来，再也没有返回中国。徐福不仅带去了中国的生产技术，而且传播了中国文化，深受日本人民的敬重，千百年来，日本人民祭祀徐福的活动一直延续下来。

东晋时期的著名僧人法显（334—420）是中国佛教史上第一位到海外取经求法的高僧。隆安三年（339），法显从长安（今西安）出发，经河西走廊，穿过塔克拉玛干沙漠抵达于阗（今新疆和田），南越葱岭，取道今印度河流域，到达天竺（今印度）。法显在天竺学梵书佛律十余年，最后只身从海路回国，途经狮子国（今斯里兰卡）、耶婆提（今印度尼西亚）等地，从今山东青岛的崂山登陆。法显把15年旅途中的所见所闻写成《法显传》，书中记载了他游历地区的风土人情，是我国现存历史资料中关于海洋最早、最详细的记录，也是研究南亚和东南亚的重要史料。

唐代著名僧人义净（635—713）是中国佛教四大译经家之一。咸亨二年（671），他从广州出发，乘波斯商船经苏门答腊、马来半岛到印度求法，先后游历30多国。在武后证圣元年（695），从海路回国到达洛阳，带回梵文佛教经典约400部。义净在游历途中写成的《南海寄归内法传》和《大唐西域求法高僧传》，记载了他在各地考察所获的佛教戒律以及唐代赴西域、南海等几十位僧人的旅行情况，是研究当时中国和西方海上交通旅行史的重要历史资料。

另一位唐代著名僧人鉴真（688—763），是律宗南山宗传人，著名医学家。天宝元年（742），鉴真应日本僧人荣睿和普照的邀请东渡日本。鉴真曾先后五次东渡，历尽艰辛均遭失败，本人也双目失明。天宝十二年（753），他与弟子34人第六次东渡，终于在第二年成功抵达日本九州，翌年在京都奈良东大寺筑坛，传授戒律，成为日本佛教律宗的创始人。鉴真等人的东渡，为发展中日人民的友好关系和航海旅行做出了杰出贡献。

元朝著名航海家汪大渊，自幼喜欢海上游历。至顺元年（1330），年仅20岁的汪大渊，首次从泉州搭乘商船出海远航，经海南岛、占城、马六甲、爪哇、苏门答腊、缅甸、波斯、阿拉伯、埃及，横渡地中海到达摩洛哥，再回到埃及，出红海到索马里、莫桑比克，横渡印度洋到斯里兰卡、苏门答腊、爪哇，最后经大洋洲到加里曼丹、菲律宾返回泉州，前后历时 5 年。至元三年(1337)汪大渊再次从泉州出发，历经南洋群岛、阿拉伯海、波斯湾、红海、地中海、非洲的莫桑比克海峡及大洋洲各地，至元五年(1339)返回泉州。汪大渊先后两次出海，游历了几十个国家，后来将所见所闻写成《岛夷志略》。该书对研究元代中西交通和沿线诸国历史、地理有重要参考价值，引起世界重视。这本书还被译成多种文字流传，对世界历史、地理具有伟大贡献。

明朝伟大航海家郑和(1371—1433)，原名马三保，回族，云南昆阳(今昆明市晋宁区)人。10 岁时被明军掳走，入宫成为宦官。因作战勇敢，后被赐名郑和，钦封"三保太监"。明永乐三年(1405)六月十五日，郑和率领 240 多艘海船、27400 名士兵和船员组成的远航船队首次出航。至宣德八年(1433)，郑和先后七下西洋，历时 28 年，纵横于太平洋和印度洋，行程达 10 余万里，出访和游历了亚洲和非洲 30 多个国家和地区，最远到达非洲东岸和红海，这是中国也是世界航海旅行史上伟大的创举，促进了中国和亚非各国的经济、文化交流(元朝和明朝称现在 110°E 以东为"东洋"，以西至非洲东海岸为"西洋")。

(三)世界现代海洋旅游

1. 现代海洋旅游的萌芽

现代海洋旅游萌芽于 18 世纪初期。据文献记载，世界最早的海水浴出现于 18 世纪 30 年代英国滨海小镇布赖顿。海水浴这一行为之所以能得到普及，应归功于英国医生 R. 拉塞尔于 1752 年发表的著名论文《论海水在治疗腺状组织疾病的作用》。现代海洋旅游出现于 19 世纪中叶。当时，以蒸汽机为特征的第一次工业革命成为现代海洋旅游的"助产士"。1871 年，英国开始实行"八月海岸休假日"制度，掀起一股海水浴热潮。之后，这种风尚迅速席卷了西欧和北欧，在欧洲大西洋沿岸、波罗的海沿岸出现了很多滨海疗养地，呈现一派兴旺的景象。此时，地中海沿岸各国利用和煦温暖的气候开展的滨海疗养悄然兴起，标志着世界海洋旅游的兴起。

2. 现代海洋旅游的发展

20 世纪，各种休闲制度的出台，民众的休养意识逐渐形成。随着旅游需求的扩大，人们开始开发大规模、多样化的旅游区点。当初的休养主要指的是在温泉区和濒海地区进行治病疗养活动，因此那些地方必须环境优美、气候宜人。随着铁路发展和产业化进程，海洋旅游在中产阶级和工人阶级中也得到了普及。

3. 现代海洋旅游的繁荣

随着收入、自由时间的增加以及交通网络的覆盖，旅游需求进一步增大，且日趋多样化。20世纪中后期，世界海洋旅游迎来了繁荣时期。随着社会经济进一步发展，海洋旅游活动开始向活动型、社会文化型发展。这一时期，热带滨海地区以无可比拟的气候优势，大力发展"三S"[Sunshine(阳光)、Sand(沙滩)、Sea(海水)]旅游，成为海洋旅游胜地。著名的有加勒比海地区、美国夏威夷、澳大利亚黄金海岸、墨西哥坎昆、泰国芭堤雅、中国三亚等。

(四)我国现代海洋旅游

1. 初创阶段(1949—1965)

中华人民共和国成立后，旅游业主要作为人民外交的重要手段，旨在宣传中国的方针、政策和社会主义建设成就，增进中国人民与世界各国人民之间的相互了解，团结港、澳、台同胞和海外侨胞。这一时期我国的海洋旅游业还处于以政治接待为主的经营期，作为行业的海洋旅游业职能还不健全，其发展受到限制，处于自发的、缓慢的发展状态。

2. 停滞阶段(1966—1977)

正当世界上现代旅游业以高速度向前发展的时期，中国的旅游业却经历了"文化大革命"，旅游业处于瘫痪状态。我国的大量历史古迹、文物以及名胜等旅游资源遭到不同程度的毁坏。这阶段中国的海洋旅游仅限于国内旅游，规模很小。至于国际旅游及出境旅游，其规模就更小了，几乎处于停滞状态。

3. 发展阶段(1978—)

1978年，十一届三中全会后，我国全面实行"改革开放"的基本国策，使沿海地区旅游成为对外开放的前沿和"外引""内联"的窗口和桥梁。以此为标志，沿海地区的海洋旅游业率先进入持续、快速发展阶段。这一阶段，我国海洋旅游业受到重视，到我国滨海地区旅游的国内外游客逐年增加。同时，出境旅游也逐渐兴起，海洋旅游业在海洋产业中占有重要地位，并成为我国沿海地区新的经济增长点。

(五)复兴的邮轮旅游

邮轮是指海洋上的定线、定期航行的大型客运轮船。由于客轮定线定期航行，国际邮件总是由这种大型快速客轮运载，故称"邮轮"。邮轮发展经历了传统邮轮和现代邮轮两个阶段。

1. 客运期

传统邮轮诞生于19世纪末的欧洲，往返穿梭于大西洋沿岸。邮轮的主要功能是为旅客提供跨洋旅行服务。由于邮轮具有安全舒适、活动空间大、生活设施完备的优点，

20 世纪初邮轮旅行达到鼎盛期。随着现代航空运输业的迅速崛起，邮轮逐渐衰落。

2. 旅游期

20 世纪 70 年代，传统邮轮因旅游概念的注入而重新崛起，开创了现代邮轮旅游新时代。挪威人克洛斯特放弃原有的客运业务，开创了全新的邮轮旅游娱乐服务。

现代邮轮旅游为游客提供在海上、海岛以及沿线城市观光等游览服务。邮轮本身就是旅游目的地，船上配备了豪华、舒适的生活设施和娱乐设施，被誉为"海上城市""流动度假村"。

国际上根据航行的区域，把邮轮分为国际邮轮和海岸线邮轮。在国内，一般把在海上航行的客轮称为邮轮，而把江河中航行的客轮称为游轮，小型的客轮则称为游船。邮轮的等级，通常用排水量与载客量两个指标来衡量，其中以载客量为主。

三、丰富的旅游资源

（一）海洋旅游资源概说

从游憩活动的角度来看，海洋旅游资源是人类海洋旅游活动的对象。凡是人类海洋旅游活动所指向的目的物或者吸引物，能够对游客产生美感和吸引力，具有旅游开发价值和经济效益的自然、人文因素和社会现象的总和，都可以称为海洋旅游资源。

我国是一个海洋大国，有着漫长的海岸线、众多的岛屿、宽阔的滩涂和海域，海洋旅游资源丰富多样。

滨海旅游是当今海洋旅游的主要形式，而海岸带又是旅游资源最具有吸引力的地方，旅游、观光价值很高。我国的海岸带地域系统涵盖内容广泛，海域跨越了赤道带、热带、亚热带和暖温带四个气候带。海岸线绵延曲折，有众多的海湾、海滨沙滩，岛屿及多种类型的海岸。

（二）海洋旅游资源分类

依据世界旅游组织（UNWTO）的旅游资源分类原则，按照属性分类方法，同时兼顾旅游资源的市场需要和产品开发的关联性，我国海洋旅游资源首先分为自然旅游资源和文化旅游资源两大类。随着科技的逐步发展和向海洋进军的深入，海洋旅游资源的范围和内容将进一步丰富和发展。

(三)海洋自然旅游资源

海洋自然旅游资源是指能使人们产生美感或兴趣的、由各种地理环境或生物构成，并与海洋地域及其环境相关的自然景观。它是天然赋存的，其形成是自然景观多方面作用的结果。

海洋自然旅游资源具有综合性、地域性、固定性、海洋性、时间性等特点。

(1)综合性。海洋自然旅游资源的综合性首先表现为旅游资源大部分是由不同的要素组成的综合体。其次表现在旅游资源开发上，单一资源的开发往往对游客的吸引力有限，在实践过程中，常将不同类型的旅游资源结合起来共同开发，以形成互补优势。

(2)地域性。由于地域性差异因素(纬度、地貌、海陆位置等)的影响，自然环境因素如气候、地貌、水文、动植物都会出现地域分异，从而导致自然旅游资源出现地域性。

(3)固定性。海洋自然旅游资源是大自然的杰作，是在一定自然地理环境下形成的，由于其规模巨大或与地理环境的紧密联系性，使其难以发生空间位移。

(4)海洋性。海洋与大陆在气候、环境上的迥异，造就了其不一样的海洋自然旅游资源。

(5)时间性。自然景观受到气候或其他因素的影响，常有季节性、周期性的变化。太阳辐射的年际变化影响海洋气温、日照时间的季节变化，使海洋景观呈现出四季的变化。

根据《中国旅游资源普查规范》，按照自然旅游资源形态特征和成因，将海洋自然旅游资源进一步分类归纳为以下几类：地质地貌类、生物类、海水类和气象气候与天象类。

(1)地质地貌类。根据成因、形态、组成物质、动态和分布的综合特征，将海岸和岸滩地貌划分为基岩海岸与岩滩、沙质海岸与海滩、淤泥质海岸与潮滩、河口海岸与河口潮滩四种类型。其中，作为海洋旅游资源，基岩海岸与岩滩是主要类型。基岩海岸与岩滩多见于开阔海域的山丘岸段、岬角、半岛和岛屿。岩壁多由花岗石火山岩组成，岸线破碎，海蚀现象极其普遍，海蚀阶地、阶地陡坎、海蚀崖、海蚀沟、海蚀穴、海蚀柱、海穹石及海蚀残丘等广为分布。

基岩海岸地貌是在盛行风的影响下，由于波浪猛烈而持续地冲击，导致岩岸岩滩呈缓慢蚀退而塑造的地貌类型。

我国辽东半岛、山东半岛和杭州湾以南沿海，具有岸线曲折、峡湾相间的特点，由于岬角不断受到侵蚀，逐渐形成了海蚀崖、海蚀柱、海蚀拱桥、海蚀穴和海蚀平台等丰富多彩的海蚀地貌，成为重要的风景地貌旅游景观。其中著名的有大连的黑石礁、北戴河的南天门、青岛的石老人、普陀山的潮音洞等。由花岗岩构成的基岩海岸，经过长期的风化与剥蚀，形成许多山势巍峨、石蛋遍布的海滨山地，如舟山群岛的普陀山、青岛的崂山等。变质岩和火山岩构成的海岸，具有山势浑圆、山峦层叠的特点，这类海岸主要分布在大连和连云港沿岸。

（2）生物类。亚热带、热带海域的各类珊瑚岛礁和与之相伴随的浅海生物资源，组成丰富多样的地貌景观类型。海岛周围的珊瑚礁，为潜水活动的开展提供了很好的条件。海洋生物之所以具有旅游资源意义，是因为它们具有较强的观赏性以及与生存环境所构成的特有生境，具有极高的美学、科研、实用价值，能够产生一定的旅游吸引力。

珊瑚礁是以珊瑚骨骼为主骨架，辅以其他造礁及喜礁生物的骨骼或壳体所构成的钙质堆积体。珊瑚礁类型众多，有岸礁、堡礁、环礁、台礁和点礁等。

我国珊瑚礁的分布基本在北回归线以南，大致从台湾海峡南部至南海（图2-1）。作为我国珊瑚礁北界的澎湖列岛的64个岛屿中，差不多每个岛屿都有裾礁或堡礁发育。

图2-1 南海中的珊瑚礁

红树林是生长在热带、亚热带低能海岸潮间带上部，受周期性潮水浸淹，以红树植物为主体的常绿灌木或乔木组成的潮滩湿地木本生物群落。它生长于陆地与海洋交界带的滩涂浅滩，是陆地向海洋过渡的特殊生态系统。

由于红树林为鸟类提供了丰富的食物，所以红树林区是候鸟的越冬场和迁徙中转站，更是各种海鸟的觅食栖息、繁殖的场所。红树林及其本身作为水生动物和鸟类栖息地等构成的生物景观，在海洋保护区中，可发展观光旅游，进行科普和科研考察。

（3）海水类。这类旅游资源主要包括优质滩涂、海水等资源。如河北、广西、海南等省著名的海水浴场、海潜区域等。

(4)气象气候与天象类。壮观的潮汐现象,虚幻的蜃景奇观,特有的海上日出/落景象,都是海洋旅游资源的重要组成部分。

(四)海洋人文旅游资源

海洋人文旅游资源是指人类创造的与海洋有关的,反映各时代政治、经济、文化、军事和社会民俗风情状况,具有旅游功能的事物和因素。它是由海洋地域环境、人民生活、历史文物、文化艺术、民族风情和物质生产构成的人文景观;是人类关于海洋历史文化的结晶;是当今风貌的集中反映。海洋人文旅游资源既含有人类历史长河中遗留的精神与物质财富,也体现了当今人类文化的发展。

海洋人文旅游资源具有综合性、地域性、不可移动性、可重复开发性、观赏性、海洋性、继承性和变异性等特点。

(1)综合性。在这一点上,海洋人文旅游资源与海洋自然旅游资源相类似。

(2)地域性。人文景观与自然环境有紧密的联系性,自然景观的地域性导致了人文景观的地域性。

(3)不可移动性。海洋人文旅游资源是在特定的地域环境与历史条件下的人类社会的产物。由于这类资源与其生成环境紧密联系,难以发生空间位移,人为割裂其环境联系,势必影响到旅游资源所承载信息的完整性、原生性和真实性,使资源的价值降低。

(4)可重复开发性。在科学、合理保护的情况下,旅游资源可长期、反复利用。

(5)观赏性。海洋人文旅游资源具备美学特征,具有观赏性。由于观赏活动几乎是一切旅游过程必不可少的内容,有时甚至是全部旅游活动的核心内容,所以不管是文物古迹、民族风情,还是美味佳肴,都具有观赏价值。观赏性构成了旅游资源吸引力的最基本要素。海洋人文旅游资源的美感、丰度、价值、结构和布局因时间、地域,使其欣赏性呈现多层次和多样性。

(6)海洋性。海洋是生命的摇篮,为生命的繁衍提供了必要的条件。在漫长的人类历史中,海洋气候与地理区域的独特性,形成了具有浓郁地方人文特色的海洋文化,进而形成独特的旅游资源。

(7)继承性和变异性。海洋人文景观是与海洋有关的各种社会现象不断叠加、融合、补充、修正和选择的结果,反映了历史继承性。但这种继承性,不是简单的传递,而是在继承过程中发展和变异,并不断扬弃、补充,去其糟粕、取其精华,既具有传统性,又具有进步性和时代性。

根据《中国旅游资源普查规范》,按照人文旅游资源的特性,将海洋人文旅游资源进一步分为历史古迹类、现代风貌类、民俗风情类。

(1)历史古迹类。海洋历史文化旅游资源是人类在历史活动过程创造的与海洋有关的一切物质财富和精神财富，包括古人类在生产生活、战争等活动中所遗留下来的位于海岸带或深海中的活动遗址、遗迹、遗物、遗风等。它保存了各个历史阶段政治、经济、文化、科技、建筑、习俗等方面的资料，是历史真实的客观表现，凝聚着人类智慧的结晶，反映着特定的历史特征，对于人们正确认识历史有重要的意义。这类旅游资源主要由古代文化遗址类和近代战争遗迹类组成。

(2)现代风貌类。海洋现代风貌类旅游资源系统由海洋宗教文化类、海洋博物馆类、滨海休闲娱乐类、海洋产业经济类、海洋饮食文化类、海洋体育竞技类、海洋旅游节庆类组成。

(3)民俗风情类。民俗，即民间风俗，指一个国家或民族中广大民众所创造、享用和传承的生活文化。民俗起源于人类社会群众生活的需要，在特定的民族、时代和地域中不断形成、扩散和演变为民众的日常行为服务。民俗一旦形成，就成为规范人们的行为、语言和心理的基本力量，同时也是民众习俗、传承和积累文化所创造成果的一种重要方式。海洋民俗文化是指在沿海地区和海岛等一定区域范围内流行的民俗文化。它的产生、传承和演变都与海洋有密切的关系(图2-2)。

图2-2　海洋民俗风情

四、海洋旅游开发

21世纪最具活力的旅游发展业——海洋旅游业，已成为旅游开发的热点之一，海洋旅游资源开发的目的、对象、特点、重要性等问题是世界各国人民共同关注的热点。

(一) 海洋旅游开发的概念

1. 海洋旅游开发的定义

随着社会经济的发展，人们的闲暇时间越来越多。人们的追求也从物质享受转变为以放松、娱乐为主的精神享受，于是远离熟悉的环境和工作岗位投入大自然的怀抱，包括海洋旅游在内的各种旅游成了当今社会最时尚的社会活动。

作为旅游欲望和活动变化趋势的一环，海洋旅游成为重要的关注对象。尤其是随着经济条件和社会条件的变化，为游客提供安全、舒适、浪漫的旅游空间，各国都在积极推进各种海洋开发工程。

"开发"一词是适用于政治、经济、社会、文化等所有领域的统筹性术语，而旅游开发和海洋旅游开发都属于开发范畴，因此可以先从开发的概念开始，然后逐步接近海洋旅游开发的定义。

海洋旅游开发的基本意义在于，满足供需关系协调发展，提高各种效益。具体表现为，谋求地区或国家的经济均衡发展，最终实现整体社会效益的极大化。也就是说，通过海洋旅游的开发行为，创造更多的就业岗位、增加可支配收入、增加渔村区域的税收，带动产业经济结构的多元化，产生经济利益，成为加快区域或国家经济增长的有效手段，最终为社会发展目标而服务。海洋旅游开发的意义即在此。

根据不同的主体和对象，海洋旅游开发的目的和内容也不同。根据开发主体的性质(国有、民营)和开发规模以及开发对象的不同，海洋旅游开发包括：第一，满足游客旅游需求；第二，提升旅游资源价值；第三，建设服务于游客的交通网络和旅游设施；第四，为区域和国家的经济发展和社会发展服务。

因此，海洋旅游开发是以将海洋空间和海洋旅游资源社会经济效益的极大化为目的，通过科学技术和资金投入提高海洋空间和海洋旅游资源效果，并追求更高层次经济价值的一系列过程。

2. 海洋旅游开发的特点

海洋旅游活动的开发，具有以下特点。

第一，海岸地区深受气候和气象变化等自然现象的影响。比如，受季节的影响，海水浴场只有在 7—8 月盛夏时才能利用。海洋的这种自然环境条件，与利用需求变化有着密切的关联。

第二，改善到达目的地的道路、铁路、航空等交通设施和交通手段，提高交通便利性，则可以提升海洋风景区的旅游需求量。

第三，海岸旅游区大体上可以分为景观优美、气候宜人的休养地和可进行运动、娱乐等海洋活动的旅游区。在气候条件良好的休养地，所有海洋活动都可以进行，不过以疗养和休养为目的的游客中老年人居多。相反，以运动为主的海洋旅游活动区更多吸引的是年轻游客。根据具体情况，综合或分开设置这些旅游资源和利用设施，也是海洋旅游开发的特点之一。

（二）海洋旅游开发的目的

如今，旅游开发的主要目的在于：发展地区经济，增加就业岗位，活跃交易市场。除此之外，旅游开发工程还要满足不断增加的旅游需求和发展地方、国家经济这两方面需求。因此，开发海洋旅游资源的最大课题是，寻找更加有效的开发手段，并协调好与这两者的关系。

海洋旅游开发的基本目的就是提供海洋旅游空间，促进地区和国家的经济发展，保护海洋旅游资源和游客的安全。

1. 提供海洋旅游空间

提供海洋旅游空间的有效手段就是开发海洋旅游区。即为游客提供多样的海洋旅游空间，让他们观赏、感受和体验海洋的魅力，通过与自然环境和社会、文化环境的接触，使游客的旅游需求得到满足。

2. 促进经济发展

海洋旅游开发可以促进沿海地区以及国家的经济发展。海洋旅游开发会带动地区其他产业的共同发展，进而提升地方和国家的开发力度，进一步促进经济发展。

3. 提升海洋旅游资源的价值

原始的自然状态本身也可以成为具有吸引力的旅游资源，但在大多数情况下，仅靠未经开发的天然资源很难吸引游客。也就是说，仅靠自然的、社会的、文化层面的资源属性，不足以吸引游客，这就是目前的旅游市场现状。因此，对游客而言，如果某个旅游区以颇具吸引力的旅游资源为基础，越方便接近、越完善各种便利设施，就越有吸引力。因此在提升海洋旅游资源吸引力的同时，推进、完善各种设施，海洋旅游资源的价值才会随之提升。

4. 海洋旅游资源的保护和保存

通过海洋旅游开发，可以预防海洋资源以及生态系统遭到破坏，并实现海洋旅游资源的保护和保存。由于海洋旅游需求量的增加和游客需求的多样化，旅游活动的范围不断扩大，类型也变得丰富多样。因此，需要加强对海洋旅游资源的保护和保存。如今的海洋，由于受到各种污水和废水的排放、船舶行驶中的漏油、各种垃圾的排放等影响，污染问题越来越严重，导致海洋旅游资源贬值。因此，更需要在进行海洋旅游资源开发的同时，加强对海洋资源的保护。

5. 保护游客的安全

任何旅游活动都存在风险，海洋的不确定性，使海洋旅游安全管理变得非常重要。

（三）海洋旅游开发的对象

旅游对象是指具有魅力和吸引力，能够激发旅游行为，并能够满足游客愿望的所有对象物。因此，海洋旅游开发内容包含海洋旅游活动所需对象的所有内容。海洋旅游开发的主要对象包括：海洋旅游资源、交通设施和手段、海洋旅游的便利设施、海洋旅游信息、海洋旅游服务等。

1. 海洋旅游资源

旅游开发行为本身，就是通过对天然旅游资源和人文旅游资源开拓和建设，提升其吸引力的努力。近年来，由于旅游需求量的增多以及旅游行为发生变化，人们对旅游资源的兴趣和价值取向也都发生了相应的变化。随着旅游资源的范围扩大，海洋旅游资源变得丰富多样。想要跟上旅游行为的变化节奏，提升海洋旅游资源的价值，就不能局限于传统的海洋旅游资源，而要持续推进海洋旅游开发，挖掘新的海洋旅游对象。

2. 交通设施和手段

通过交通设施的建设缩短前往景区的距离，也能使游客产生旅游动机。修建从游客居住地到景区的交通网络，即各种道路等交通基础设施，这是海洋旅游开发的重要环节之一。在修建交通设施和手段时，要充分考虑地区社会的需求和地区条件、地方财政等状况，充分利用现有的交通网络，把重点放在旅游线路中不完善部分的改进、开发和养护上。

3. 海洋旅游的便利设施

在完善各种海洋旅游资源的同时，完善住宿设施、餐饮设施、休憩设施、导览设施、娱乐设施等，向游客提供在旅游活动中所需的整套设施和设备。另外，对景点内基础生活设施进行整顿也很必要。游客大部分的停留活动都在景区的生活圈内完成，因此应该对上下水道设施、垃圾处理设施、停车设施、通信设施等生活中所需的各种设施和设备进行整治。

4. 海洋旅游信息

在海洋旅游开发过程中建立信息组织和信息系统，是为有效利用各种海洋旅游的相关信息媒体。即为游客提供快速、准确的信息，是企业之间、区域之间在争取客源的竞争中获得优势的有效手段。

对游客来说，海洋旅游信息具有以下重要性：游客通过信息可以查询并了解自己所关注的海洋景点和海洋旅游活动的相关内容；参考这些信息能够做出选择，决定自己中意的海洋景点；通过信息查询做好旅游活动所需的前期准备，预约交通、住宿等与旅游活动相关的内容。此外，通过信息的收集可以了解景点内的旅游资源情况，进而起到宣传景点的作用，刺激游客产生新的旅游欲望和动机。

海洋旅游信息的积极宣传，不仅可以提高对游客的吸引力，还可以拉动区域经济的发展。

5. 海洋旅游服务

海洋旅游服务涉及有关海洋旅游活动的各种服务。一是关于安全方面的旅游服务，海洋旅游活动是以海洋为中心，以海岸、海水、海底等地为主进行的旅游活动，比起其他旅游活动，危险系数相对高一些。因此，开发海洋旅游项目时应提前考虑安全因素，在营造安全的海洋旅游活动环境的同时，针对海洋活动项目提前做好安全教育和训练活动。二是要提供有关海洋旅游活动的专业化技术服务。海洋旅游活动大多属于体验类活动，游客需亲自参加并享受海洋的魅力，所以需要专业化的技术指导服务。

（四）海洋旅游开发的类型

海洋旅游开发对各国的经济发展有很大的促进作用。海洋旅游开发会带来就业岗位的增加、收入的增加以及对其他相关产业的带动效应，起到拉动地区及国家经济发展的作用。

海洋旅游开发可分为自然资源开发型、社会文化资源开发型、产业资源开发型、人造资源开发型四种。

1. 自然资源开发型

充分利用海水浴场、岛屿、候鸟栖息地、海滩等自然形态的海洋旅游资源，把它们开发成可以进行海洋旅游活动的场所。这种开发一定要重视自然环境和生态体系的保护，应以环境友好的方式进行开发。

2. 社会文化资源开发型

以渔村日常生活为中心，以提升旅游资源的价值为目的、开发渔村传统庆典活动、历史遗址、传统习俗、风味小吃、语言等旅游资源。开发时还要注意考虑各地区的地理、季节、气候等条件，举办各种特色活动。

3. 产业资源开发型

开发渔港、渔场、水产品市场、海洋之家等各种餐馆和造船社、炼铁所等靠海产业的产业型海洋旅游资源。产业型海洋旅游资源的开发行为，与当地的经济发展有直接关系，开发时应注意与周边丰富旅游资源的关联。

4. 人造资源开发型

人造资源开发型属于旅游对象的创造型开发，是从无到有开发新的具有吸引力的旅游对象的开发形态。人造资源的开发类型分为教育层面的人造资源开发、运动和娱乐层面的人造资源开发、旅游层面的人造资源开发等。属于教育层面的人造资源开发有海洋展览馆、海洋环境学习园地、渔村民俗展览馆、海洋博物馆、海洋历史馆等；属于运动和娱乐层面的人造资源开发有冲浪、帆板、帆船、潜泳、深潜、摩托艇、滑水等运动项目；属于旅游层面的人造资源开发有邮轮、船屋、度假村、观光观景台、旅游潜艇、观光灯塔、水族馆等海洋公园、海洋观光园区和海洋景区等(图2-3)。

图2-3　人造海洋旅游资源开发

(五)海洋旅游开发新模式

21世纪是文化、知识、环境在人类的所有生活领域中占重要地位的时期。个体是为了追求个性化和多元化而渴望掌握知识、了解文化；社会是为了地球共同体的生存而提出威胁地球安全的环境问题，并为解决这一问题而努力。针对环境问题人们已经达成共识，倡导地球生命共同体理念。这种共同体意识，还体现在世界各地的旅游开发行为中。

时下，在国家和区域范围内进行的文化、环境等保护和保全意识较强的旅游开发和旅游形态所体现的显著特征是可持续的旅游的概念。可持续开发是以不对自然和文化资源造成伤害为前提，以经济增长和环境保护的主导思想而进行的开发方式。可持续开发还意味着为下一代的资源利用和享有而保全资源的开发理念，是以生态的、社会文化的、经济的可持续开发可能性为立足点，以在全球范围内确保人类社会的持续性为目的的开发模式。

旅游开发的框架也因之开始发生变化，人们在可持续的旅游开发中认可新模式的价值，同时也开始反省传统的旅游行为在社会文化和环境层面上所导致的各种问题。追求既环保又能保证社会文化持续发展的可持续旅游开发，主要包括以下几个目标。

(1)保护环境质量，提高人们的生活质量，同时为游客提供高质量的体验活动。

(2)不仅要保障自然资源的可持续性，还要保障地区社会文化的可持续性。

(3)要协调好旅游事业和环境保护论者、环境保护团体还有区域社会之间的关系。

五、海洋旅游产业

随着经济的发展，个人的收入增加，可支配时间和旅游开销在个人消费生活中的比重日益增大。对旅游的需求显著增加，旅游产业范围迅速扩大。近年来，全世界的旅游产业趋向大型化、综合化、多元化发展，产业内容划分得越来越细。其中，海洋旅游产业得到了人们的广泛关注。

(一) 海洋旅游产业的类型

海洋旅游产业的类型可分为运用海洋旅游空间和设施的海洋旅游业和提供海洋旅游活动所需装备的租赁业等，具体可分为海上旅客运输业、游船业和渡船业、垂钓渔船业、水上休闲业、邮轮业、旅游潜艇业、海洋公园、水族馆及海洋观景台等。

1. 海上旅客运输业

海上旅客运输业是在海上或在和海相连的内陆水路上，用客船运输人和物以及处理与此相关业务的产业。海上运输业先分为内港和外港运输，各自又分为定期航运和非定期航运，具体分以下5种：内港定期旅客运输业、内港不定期旅客运输业、外港定期旅客运输业、外港不定期旅客运输业和其他海上旅客运输业。

内港定期旅客运输业，是指按照一定的航道和日程表定期在国内港(存在于海上或与海相邻的内陆水路上的场所，包括平时人们上下船或搬运东西时用到的场所)之间航行的海上旅客运输业。内港不定期旅客运输业，是指不受一定航道和日程表的约束，不定期地在国内港之间航行的海上旅客运输业。外港定期旅客运输业，是指按照一定的航道和日程表，定期在国内港和国外港之间或国外港之间航行的海上旅客运输业。外港不定期旅客运输业，是指不受一定航道和日程表的约束，不定期地在国内港和国外港之间或国外港之间航行的海上旅客运输业。不属于这四类的海上旅客运输业归入其他海上旅客运输业。

2. 游船业和渡船业

游船业是指具备游船和游船码头，以捕捞或旅游为目的，在河川、湖沼或海上进行租赁船舶或乘船营运的营业行为。渡船业是指具备渡船和渡船码头，在河川、湖沼或者在规定的海上，运输人或人和物的营业行为。游船业和渡船业都不受海运法律法规的限制。

游艇码头和渡船码头，是指拥有能够安全停泊游船和渡船，供乘客上下船的码头。从事游船和渡船业，要按照游船和渡船的规模和不同营运区域，申请不同等级的许可证。依照船舶的规模和乘客定员数以及营业区域的距离，游船和渡船业有得到许可方可营运和申报登记即可营运两种情况。

3. 垂钓渔船业

垂钓渔船业，是指按照相关法规已登记的渔船，将捕鱼者送到河川、湖沼或大海上的垂钓场所，或在该渔船上安排他们进行垂钓或捕鱼的营业活动。为满足大众的娱乐需求和提高渔村的收入而兴起的垂钓渔船业，其特点是在划分的特定内水区经营设施完备的垂钓场所。

4. 水上休闲业

水上休闲业，是指以兴趣、娱乐、体育、教育等为目的，利用水上休闲运动器具进行的所有水上活动。水上休闲业还包括水上休闲运动器具的租赁业务。如韩国的《水上休闲运动安全法》，把水上休闲运动器具分为 15 种，分别是摩托汽艇、快艇、水上摩托车、橡皮艇、踏板车、气垫船、滑板、滑翔伞、赛艇、皮划艇、划艇、水橇、水上自行车、冲浪、划桨船等。

5. 邮轮业

作为航行于主要港口城市和海岸旅游资源间的观光巡航游船，邮轮为以海洋旅游为目的的游客提供豪华设施和高端服务。

作为观光巡航游船，邮轮利用游船进行独特的旅游活动。邮轮为游客提供住宿、餐饮、娱乐、医疗等必备旅游设施与服务之外，还提供到港陆上游览项目(图 2-4)。

6. 旅游潜艇业

旅游潜艇是搭载游客参观海底景观的设施。旅游潜艇凭借很高的安全性和舒适性，把游客带入海洋世界，作为海洋旅游市场和海洋旅游产业的一部分，备受人们的关注。

旅游潜艇配有左右瞭望窗口和凸出的瞭望窗口，供游客观察海底世界。为了提高游客的兴致，各个旅游景点里都安装了鱼窝和提供鱼饵的装置，每当潜艇经过景点时，鱼群会跟随而行(图 2-5)。

图 2-4　豪华邮轮

图 2-5　旅游潜艇

7. 海洋公园

随着海洋旅游需求的增加，多元化的海洋景点和海洋旅游商品应运而生，海洋公园就是这一背景下发展起来的。

海洋公园以保护海洋自然环境为运营原则和管理原则，以提供经济效益和社会效益为目的，在国家和社会的共同监督下、通过民间企业的积极参与开发和运营。海洋公园分为海上公园和海底公园。

(1)海上公园是在保护和保存海岸周边的自然环境的同时，具备能够满足游客需求条件的海洋旅游活动场所。

海上公园的具体作用主要包括：保存和管理海洋栖息地和生态系统的标本；保护和管理濒危、稀有、珍贵物种的栖息地、繁殖地；为人类保存审美价值；保护具有考古学和历史文化价值的场所；为普通民众提供旅游、娱乐以及教育场所；为特别保护管理区的管理教育和培训活动提供场所；为海洋生态调查研究基地的建立提供场所；为研究影响环境的各种因素提供场所。

(2)海底公园。所谓海底公园，是指在划分一定海域和与其相邻的海岸区，保护海洋动植物的同时，为游客提供经过海底景观设计的公园。

国际标准规定海底公园的水至少深18m，海水要清澈，海浪要和缓。海底公园的选址可选定在适合海藻类和鱼贝类生长的岩石海岸，尽量避开岸上村庄、耕田、工厂的废水排出口和河流的入海口。

8. 水族馆

水族馆是饲养水生生物供游客观赏的设施，有单独运营的，也有安置在主题公园内的。

水族馆原本是在英国、意大利等欧洲国家和美国等地小规模或者作为公共目的而建设的。后来随着观光需求的增加和规模的扩大，水族馆逐渐也具备了商业属性。目前已经成为海洋旅游产业的重要内容之一。现代水族馆是为了让游客近距离观察未知的海底世界而建设的陆地固定旅游场所，对游客没有特殊的装备和技术要求。

为了满足旅游需求，如今的水族馆建设趋于大型化，参观形式和内容也越来越丰富。作为辅助项目，各种特色活动都得以在水族馆内举办。现在的水族馆从只"观看"的旅游内容演变成了"可观察和发现"的旅游内容。

9. 海洋观景台

海洋观景台是为观看海洋景观在岛屿或港湾城市的近海建造的塔状海洋建筑物。它一般由瞭望塔、连接的桥梁和水中的展望隧道构成。塔体多搭建在离海岸 100m 以内的地方，一般可以观看 10m 左右水深的海底世界。

海洋观景台的设置必须符合如下条件：一是保证安全；二是使游客在舒适的环境中观察神秘的海洋；三是瞭望海域必须设置在具备水草、岩石、鱼类、珊瑚礁，且海水清澈透明、有暖流流经的亚热带性或热带性地带；四是具有足够的商业价值；五是具备丰富而变化多端的海洋景观；六是拥有适合进行海洋性野外娱乐活动的区域。

(二) 海洋旅游产业的发展

1. 海洋旅游产业的前景

人类一直致力于向大海进军。经过长期不懈的追求和努力，如今海洋开发技术已有长足进步。

海洋具有和陆地完全不同的环境结构，其面积占地球表面积的三分之二以上。对人类来说，征服这片广阔的海洋并非易事。虽然 2020 年 11 月 10 日，我国自主研发的"奋斗者"号全海深载人潜水器在马里亚纳海沟完成万米级海试，但除了特殊的研究和探测活动，普通人为了休闲和旅游目的深入海洋绝非易事。

因此，海洋显得更加神秘。于是，世界各国都积极探索和研究走入海洋的方法，美国、日本等国家先行取得成果，开发了一些海洋瞭望设施。在取得这些技术成果的同时，人们更加渴望不同于以往的新的旅游和休闲形式，这又进一步促进了能够满足现代城市人需求的海洋相关产业的发展。

经济发展带动了人们的收入和闲暇时间的增加，视野的开拓也改变了人们对业余时间的安排和旅游目的的认识。这些变化都会促使人们重新认识海洋旅游。尤其是文化旅游、亲近环境的旅游活动、人口老龄化带来的老年人旅游、亲自参与其中的体验型旅游活动、以减压为目的的度假旅游等的出现，都将成为海洋旅游需求增加的因素。这类海洋旅游需求的增加本身就是高附加值的产业内容，因此，海洋旅游产业具有无限魅力。

2. 海洋旅游产业的发展方向

(1)呈多样化发展趋势。由于个人兴趣爱好不同，海洋旅游从传统的海洋观光型旅游向多样化发展，如休闲娱乐型、运动探险型等。

(2)呈全球化发展趋势。由于海洋旅游交通发展的便利，尤其是邮轮旅游的兴起，海洋旅游呈全球化发展趋势非常明显。国际海岛游、南北极游都成为新的旅游热点。

(3)科技化趋势日益突出。高科技在海洋旅游业中的应用范围越来越广泛，如水下潜艇观光游、水下水族馆等。相信随着人类深海技术的突破，神秘的海底世界也将成为人类海洋旅游的重要场所。

六、海洋旅游效益

旅游开发和旅游产业带来的经济效益是非常可观的，对经济社会发展产生很大的影响。旅游产业在经济社会发展中占据越来越重要的地位。然而旅游产业在带来巨大的经济效益的同时也可能带来不可忽视的负面效果。

海洋旅游多种多样，所以其效益也多样化。旅游效益大体分为经济、社会、文化、生态环境四个方面。但是，在重视海洋旅游所带来的经济效益的同时，更应该重视海洋旅游在社会、文化、生态环境等方面所产生的一系列负面影响。

(一)海洋旅游的经济效益

1. 经济效益的概念与区分

海洋旅游经济效益是指海洋旅游对国家经济所产生的影响。任何事物都具有两面性。从积极的一面来讲，海洋旅游开发或旅游产业的成长有利于国家和地区的经济增长；从消极的一面来讲，随着旅游产业的发展会引发地价上升、物价上涨、社会治安管理难度增大等问题。

海洋旅游的经济效益可分为直接效益、间接效益以及诱发效益。直接效益是指游客在景区内的旅游活动中的最初消费而产生的第一次经济效益；间接效益是指游客的最初消费再次转移到国家经济而产生的第二次经济效益；诱发效益是指由游客消费诱发直接、间接效益以及由此引发的各领域消费支出的增加。

2. 积极的效果

海洋旅游给经济发展带来的积极效果包括给旅游区创造就业机会、增加居民收入、增加税收以及促进经济结构调整等方面。

（1）就业效果。海洋旅游带来就业效果往往是成倍的。一个游客在海洋景区内发生的最小一个单位的消费可创造若干个就业机会。海洋旅游的直接就业效果是由游客在海洋旅游中的直接消费所发生的第一次就业效果。间接就业效果是指给海洋旅游产业提供各种原材料的相关产业的就业效果。也就是指随着海洋旅游需求的增加，相关原材料供给也随之增加，从而也给相关原材料产业创造就业机会。诱发就业效果是指随着直接和间接就业效果的增加，地区内的消费也随之增加，从而相应地带来相关产业的发展。

（2）增加税收。海洋旅游开发促进地方经济的发展，各个地区的旅游开发或旅游产业的兴起增加了地区税收。由海洋旅游产生的税收，可分为直接税收和间接税收。直接税收是以旅游产业为对象直接从旅游产业征收的税，间接税收是附加在游客消费的财物或服务上的，或者是从供应商利润中征收的税。

（3）促进经济结构调整。海洋旅游开发促使地区和国家经济结构向多样化发展。经济结构变化意味着产业结构和就业结构的变化。渔村或海洋旅游区经济结构的最大变化是主导区域经济的渔业等第一产业或第二产业逐渐被旅游产业和相关服务产业等第三产业所代替。这种变化结构最终可能促使该地区，甚至全国产业结构发生调整。

3. 消极的效果

从经济角度来看，海洋旅游开发或旅游产业的发展及大量游客的到来为渔村地区带来经济效益。然而海洋旅游的开发也带来不小的负面效果。海洋旅游开发往往导致对自然环境和生态系统的破坏，当地居民的生活质量必然受到影响，同时还诱发地价上升、物价上涨、进口增加、就业机会减少等现象。

（1）环境遭到破坏。因海洋旅游需求的增加而导致的环境污染和生态破坏大多发生在海岸、海底、海面等海洋旅游环境和生活环境中。海洋旅游区的过度开发利用会导致海洋旅游环境的破坏与生态系统的不平衡，维护或修复这些被污染、被破坏的海洋环境与生态系统需要很长的时间和较多的资金。

（2）就业问题。海洋旅游开发以增加就业机会、当地居民收入而一直受到重视。但是就业增加并不意味着就业结构就变得合理。大部分当地居民都是渔民，他们从事的多为非专职工作，所以就业比例虽高，却出现了雇佣结构严重不合理的现象。大部分旅游区具有季节性，特别是像韩国济州岛、我国舟山群岛等这种四季分明的地方，由海洋旅游季节性引发的就业问题更加突出，海洋旅游区旅游旺季和淡季的天数差异也比其他旅游区更明显，成本回收周期拉长，相应投资收益也会降低。这一因素成为阻碍海洋旅游开发或海洋旅游产业投资的主要原因。

（3）经济流失。在旅游区的收入所得中，有一部分不会流入本地，而是流到旅游区之外，这种情况称为经济流失。不管是什么部门，只要有域外部门，就会产生流失源。

（4）旅游设施的维护、修理费用。海洋旅游需求的增加将会导致度假村或海岸等海洋旅游设施的使用。为了保护海洋旅游资源、保障海洋旅游设施的质量，需要进行必要的保护与维修。通常情况下这些维护成本是由游客在旅游区发生的消费承担的。即使经营者是公共团体，也可以通过入场费、使用费等形式得到部分补偿。

（5）基础设施投资和维护、修理费用。作为海洋旅游区的基础设施，在建设初期必须修建车站、机场、港口及道路等交通设施和通信设施。由于这些初期投资和后期管理费用数额庞大，一般情况下多由政府承担。海洋旅游区的基础设施因游客的使用而发生的维护费用也通过政府财政费用支出来完成。

（二）海洋旅游的社会效益

1. 旅游的社会视角

游客因旅游活动与当地居民产生互动也可以促进社会变革的发生。旅游具有媒介作用，即旅游活动可以产生相距遥远的人们相互交流的社会效益。旅游带来的社会效益也有正反两方面。

持不同视角和观点的人对旅游有不同的见解，既有旅游拥护者，也有旅游批判论者。

旅游拥护论者虽然以"大肯定-小否定"来评价旅游的负面影响，但他们认为旅游产生的正面社会效益比经济效益更重要。而旅游批判论者虽然是以"大否定-小肯定"的观点来评价旅游的积极影响，但他们认为旅游带来的负面影响比效益更大。

2. 海洋旅游的社会效益

（1）海洋旅游区的人口结构变化究其原因是由海洋旅游区的就业人数的增加所导致。第一，随着旅游需求的增加，旅游产业所需劳动力也增加，而异地务工者的流入不可避免地增加旅游区人口。第二，由于海洋旅游业的开发，沿海地区成为旅游区，导致当地的就业结构发生变化，当地部分居民迁移至异地另谋职业，从而发生本地人口减少的现象。第三，拉动因素和推动因素共同作用，形成均衡局面。拉动因素吸引外来人口增加，而推动因素又使本地人口减少。

人口结构的变化与产业结构的变化有密切的联系，这意味着年龄、性别、职业、教育水平等的构成比例均发生变化。

（2）海洋旅游给旅游区带来的经济效益，不仅改变了旅游区的产业结构，也改变了其职业结构。

第一，就业机会增加，职业也多样化。因此，随着海洋旅游产业的发展，旅游业和相关产业的就业机会自然会增加。

第二，在劳动力供求上发生短期的不均衡。海洋旅游产业的发展，虽然因就业机会增加和职业的多样化等原因增加了劳动力需求，但短期内激增的需求未能及时满足也会导致不均衡的现象。因此短期劳动力只好从异地流入，由此产生社会文化问题。

第三，发生受益者分化现象。海洋旅游产业的发展，在经济和社会文化方面导致受益者和非受益者的分化，这种分化随着海洋旅游产业的发展还会加深。受益者可以追求经济效益，但他们有可能丧失社会整体性；而经济效益的非受益者，则有可能成为社会文化负面效果的承担者。这些非受益者群体很容易成为社会矛盾的源头，成为社会结构中的消极因素。

(3)消费方式的变化。海洋旅游区居民因游客的出现，生活会发生很多变化。一方面，在与当地居民的互动过程中，外来游客带来的消费方式、习惯等会引起当地消费行业的变化，促进当地经济发展；另一方面，外来游客所表现出的"富裕"会使当地居民产生羡慕心理，并造成相应的失落感。这一点主要出现在旅游区居民中的青少年身上，他们对单纯的物质需求和欲望是通过模仿游客的衣着或语言以及消费倾向等表现出来的。

示范效应产生的消费方式的变化经常被认为是问题所在，但这些问题不能全归咎于发展旅游业。因为随着地区或国家的发展，除旅游之外的其他部门也进行着地区之间、国家之间的经济、社会、文化上的交流。

(4)各种社会问题的增加。海洋旅游开发之后，地区社会内部的消极效果也随之显现。社会问题是指越轨行为和社会诟病。越轨行为是指违反社会规范或超出社会习惯的行为，它分为积极的越轨和消极的越轨。

在海洋旅游区的社会问题中，大部分是消极的越轨，甚至是违法犯罪行为。这样的消极的越轨行为，在脱离日常生活的游客中较为多见。这种消极的越轨行为破坏了当地的传统文化和社会传统美德，助长了错误的消费风潮，也造成了人与人之间的矛盾。这些问题正是旅游区引起社会问题的原因所在。

(三) 海洋旅游的文化效益

海洋旅游的开发给原有的地方特色的文化带来了多方面的影响，它促进了当地传统海洋文化的发展。如有"海上仙山"之称的佛教四大名山——普陀山，作为海洋宗教文化的典型，当地旅游产业将海洋文化与汉地佛教文化高度结合，产生很好的文化效益。

1. 传统艺术文化向大众化市场化发展，促进了传统文化的传承

随着旅游的发展，大量旅游人口的进入，对当地传统艺术文化和工艺制作产生积极的影响。主要体现在以下几方面。

(1)粗放型工艺制作和生产方式被代替。由于游客对特色工艺品的苛刻要求，促使当地粗放型的工艺制作和生产方式不断被精细化的生产所替代。同时，由于旅游经济

收入的增加，也使工艺制作、工具的改进和添置先进的制作工具成为可能。

（2）个体的传统作坊逐渐向小型的集体作坊发展。由于旅游发展带来的购买力的提升，原先个体的传统作坊产量逐渐不能满足游客购买的需要，就会促使个体的传统作坊逐渐向小型的集体作坊发展，扩大经营门面，甚至通过互联网开展远程销售。厦门鼓浪屿岛上很多个体的传统作坊就是通过"互联网+"为广大网友所接受，在提升自身知名度的同时，也传播了厦门当地的传统文化。

（3）独特的传统文化被大众所熟悉、认可，进而获得传播。如太平洋中很多岛国都有自己独特的海洋文化，被越来越多的前来旅游的人认识和认可，并把这种特有的文化在道德、价值观、传统习俗等各方面通过各种现代化手段进行传播，扩大了其文化的影响和认知度，从而吸引更多的游客前来旅游，促进了文化的传播。很多非物质文化遗产由此得到传承与发展。

当然，大浪淘沙，为了追求眼前的经济效益，难免会出现一些如"机场工艺品"等廉价的仿制"作品"。这些也会对优秀的传统艺术文化造成冲击，要引起相关部门的关注。

2. 模型文化和民族村的诞生，促进了海洋特色地域文化的发展

访问旅游区的游客们想要看到这里的实际情况，但是在现实中游客因语言障碍、旅游路线、旅游日程、对旅游区的陌生等各种条件的限制很难得到满足。同时，旅游区居民也不想因游客的访问使自己的生活受到干扰，所以游客的活动空间和旅游区的居民生活空间往往会分开。

对此有些学者主张把旅游区分为前区和后区两个空间。前区是游客的活动空间，后区则是居民的生活空间。也有学者建议对此进一步细化，在前区和后区之间设置过渡带，将前后两区连接，以方便游客了解当地自然风貌和人文风貌。这种模型文化典型的例子是迪士尼乐园和夏威夷的波利尼西亚文化中心（民俗村）。

在我国的浙江、福建等海岛旅游区，也建立了很多海洋民俗村落或者在村里开辟了一块地方建成民俗体验场馆，供游客进行海洋文化体验，对当地的地域文化发展起到积极作用。

3. 旅游文化提炼和加工，使海洋文化得以创新

随着当地旅游经济的发展，独特的地域文化越来越受到游客欢迎，促使当地政府对本地旅游文化进行提炼和加工，使海洋文化得以创新。如浙江省舟山市普陀区政府为了发展和创新海洋旅游文化，和张艺谋团队合作，开发了《印象普陀》，成为张艺谋系列"印象"之一。每天有几百至几千人次观看演出，为宣传和发展当地海洋地域文化发挥了积极作用，文化效益相当显著。

(四)旅游生态环境效益

1. 海洋旅游生态环境效果的概念

目前的环境问题源自人类和环境的不均衡发展,即只强调环境利用而忽视环境保护。解决环境问题归根结底就是为了人与环境和谐共存。要想确保人类的经济活动和可持续发展,必须采取切实措施保护环境和生态。

进入现代社会,为了自身的可持续发展,人们已经开始寻求解决环境问题的方案,如将研究对象锁定为破坏环境的大气、水污染、噪声和震动。从社会生态学角度来看,旅游与环境也存在刺激与反应的关系。

从生态学角度讲,旅游环境是指由旅游行为、旅游业主及其主管部门、旅游资源、交通、文化、社会体制等产生,对旅游活动直接或间接地产生影响的自然环境。旅游环境包括土地、空气、水、动植物等自然物和对这些自然物产生影响的经济、社会、文化等人为因素。但是这里说的海洋旅游生态环境主要是对自然环境而言的。

旅游活动中游客对海洋旅游区环境的影响相当大,可以说海洋旅游区的环境问题绝大部分是由游客造成的。因此游客逗留时间越长,对环境的污染和对生态的破坏则越严重。

海水空间连接的旅游区是否可持续性发展取决于旅游区的水质。与水有关的人类旅游活动有海水浴、游艇及帆船、滑水、潜水、海上游、海底探险、扁舟、乘筏子、海边露营、采集海边动植物等,所以对海洋环境的影响也很大。一般来说,造成水污染的原因大多来自海岸旅游度假村的开发、海岸旅游资源的过多利用以及管理不善等。

2. 海洋旅游和生态环境之间的关系

国外学者认为环境保护和旅游开发之间存在三种不同的连贯性。它们的关系表现在旅游对自然资源的依赖性,虽然旅游与环保可以在相互分离、互不影响的状态下存在,但是这种状况因为旅游产业的快速发展和环境的脆弱性,几乎没有长期持续的可能性。所以海洋旅游和生态环境既是共生关系,又有矛盾。

(1)共生关系。旅游和环境保护可以通过彼此的利益关系形成互相依赖的共生关系。从环境保护主义角度看,将环境还原为自然状态,不管是对游客还是对环境都有好处。

近几年来,旅游产业对维持良好环境更为关注。为此人们将未开发地区或森林地区划定为保护区,为提高对旅游环境的质评做出了贡献。环境质量差,旅游是不存在的。从太阳、大海、沙滩等自然物到历史文物和人工结构物等旅游环境都是旅游产业的基础。

（2）矛盾关系。旅游和环境保护之间还存在着矛盾关系。当旅游活动对旅游区自然环境带来消极影响时，旅游和环境之间会发生相互否定的关系。由于旅游的影响，地区环境被损毁，为了保护旅游区环境和生态系统，还在法律或制度上会强制施行保护方案。

3. 海洋旅游的生态环境效果

（1）水污染。海洋旅游活动对海水的影响是：第一，海洋旅游区内将污染物排放在住宿或饮水区，若对这些污水废弃物处理不当，就会造成水质下降，最终成为危害游客健康的因素；第二，游客量的激增使游船量增加，含油污水排入海洋，使鱼类资源受到严重的威胁；第三，由于使用各种水上休闲器具或设施，造成水质变差，给水中的动植物生长带来不良影响。

（2）大气污染。随着生活水平的提高，家用轿车的保有量持续上升。游客驾车到访景区也加剧了景区内的大气污染。

（3）海边植被遭破坏。海洋旅游活动带给海边植被的影响包括：第一，因为对花果的采摘，海边植被的结构发生变化；第二，因野外生火或吸烟导致火灾；第三，因伐木或搭帐篷造成树木变形；第四，因垃圾的堆积造成土壤的营养成分变化；第五，因为旅游设施和交通设施的改建、扩建，造成植被群落发生改变。

（4）海洋动物的生态系统变化。由于游客游览海岸或海里的海洋动物栖息地，出现以下现象：第一，海洋动物的繁殖受到影响；第二，海洋动物被捕杀；第三，游客的增加提高了旅游区人口密度，海洋动物的栖息地渐渐消失；第四，随着对各种海洋动物纪念品的需求增加，诱发了非法捕杀海洋动物的行为。

（5）其他。此外，因交通工具的增加，给旅游区当地的交通也带来沉重的压力；因海洋旅游基础设施的建设和使用，容易造成该地区供水不足；随着交通网络的形成，海洋旅游地区噪声污染问题也日益严重；旅游旺季人口的暂时性集中，容易造成地区内文化、娱乐等各种设施和基础设施资源紧张。

七、海洋旅游现状

自 20 世纪 90 年代以来，随着《联合国海洋法公约》的生效和《二十一世纪议程》的实施，海洋在全球的战略地位日趋突出。为了抢占海洋时代的新优势，美国、俄罗斯、加拿大、澳大利亚、日本、韩国、印度等国都相继提出了各自的面向 21 世纪的国家海洋发展战略。海洋旅游业是世界海洋经济的最大产业之一，海洋经济的发展，离不开海洋旅游业的发展。

(一) 海洋浴场备受青睐

包含海水浴场的海洋旅游区受到人们的特别青睐，海水浴场里除了海水浴以外还有水上休闲体育项目如小艇、旅游潜艇等，是疗养、度假、旅游和休闲的良好空间。

全球著名的海洋浴场有以下几处。

1. 夏威夷怀基基海滩

作为世界上最著名的海滩之一，位于夏威夷欧胡岛的怀基基海滩是天然海水浴场，从钻石山开始到阿莱瓦游艇区全长 4.23 km。这里的海水浴场不仅景色秀丽，而且一年四季都可以进行海水浴。怀基基海滩全年都挤满了晒日光浴、冲浪、游泳、散步的游客，是世界上最大的海洋旅游区之一（图 2-6）。

图 2-6　夏威夷欧胡岛怀基基海滩

2. 美国的迈阿密海滩

迈阿密位于佛罗里达半岛东南角的比斯坎湾，是美国著名的避暑胜地。由于气候宜人、空气清新，这里已经成为很多美国老年人养老的首选。此外，迈阿密地区是连接北美和中南美地区的要冲，因此也吸引了许多南美游客。每年接待的游客数量达 500 万人次。

3. 澳大利亚的黄金海岸和猴子米亚

澳大利亚东部沿海有一段长达 40 km 的海岸，这里有明媚的阳光、连绵的沙滩、湛蓝透明的海水，适合进行跳伞、冲浪等各种户外活动。因海滩沙子呈金黄色，"黄金海岸"由此得名。

猴子米亚（Monkey Mia）位于西澳大利亚北部地区，与鲨鱼湾相邻。这一地名源于英国探险船队的名字"猴子"（Monkey）和澳大利亚土著语言中的"家"（Mia）的结合。这里以优美的海景和可以近距离观赏海豚而成为世界著名的海洋旅游区。

4. 菲律宾长滩岛

菲律宾的长滩岛又称"白沙滩"或"长沙滩"。长滩岛长约 4 km，最宽的地方也才 50 m。该地区属岩石滩和白沙滩相混，海水较深，适合进行海底潜水。

5. 泰国普吉岛和芭堤雅

泰国的普吉岛位于安达曼海沿岸，是泰国最大的海岛，它拥有 12 个沙滩，彼此间隔三四千米，芭东、卡伦和卡塔是最著名的三大海滩。与芭堤雅的美式疗养地发展模式不同，普吉岛是以欧式疗养地模式发展起来的。

芭堤雅位于曼谷东南约 150 km 处，是泰国最大的疗养地。总长约 4 km 的芭堤雅海滩每年最多可接待游客 100 万人次以上。由于这里可以尝试单板冲浪、海上滑水、香蕉艇、水上摩托、浮潜等多种海上休闲运动，所以备受游客的青睐。

6. 以色列死海

死海其实是一个内陆湖，位于以色列和约旦的交界处。湖长 77 km，宽 16 km，面积 950 km²，湖面海拔 −430 m，比地中海整整低了近 400 m，是地球上陆地的最低点。死海湖水的含盐量是普通海水的近 10 倍，因此也是世界上最咸的湖。由于海水过咸，水中没有任何生物可以生存，"死海"也因此得名。由于水的浮力大，人可以浮于水中。

近年来有研究表明，死海的湖水不仅具有治疗皮肤病的特效，还可以缓解疾病带来的疼痛，因此在死海附近相继修建了各种疗养设施。因低于海平面，这里空气中氧气的浓度高于其他地方，富含氧气的空气与水蒸气结合后，具有促进人们身心健康的功能。另外，死海岸边的黑色淤泥作为美容产品受到爱美人士的青睐。

（二）邮轮开启海洋旅游新时代

随着经济的发展，旅游也进入了新的时代。邮轮旅游就是海洋旅游进入新时代的象征。因民航业发展而几近没落的邮轮产业，随着海洋旅游业的发展而焕发新生。20 世纪 80 年代以后，随着邮轮旅游在旅游市场占有率的提高，其市场需求和影响范围也在扩大。近来，随着邮轮旅游商品价格差异化，经济方便的邮轮旅游进一步普及，邮轮旅游进入了大众化的时代。随着全球性邮轮产业的发展，竞争日益激烈，大型邮轮纷纷把加强对全球邮轮市场的营销作为共同战略，挪威邮轮公司和皇家加勒比游轮公司就是其中的代表。

随着以国际级港口为母港的"双鱼星"号等邮轮的投入运营，专门为亚洲地区乘客设计的邮轮旅游产品投入市场。1994 年之后，欧洲的很多大型船舶公司也向亚洲各国提出了永久或短期航运申请。这些举措意味着欧洲邮轮公司对亚洲邮轮旅游市场的重视。时至今日，继日本之后，新加坡、中国以及韩国也开启邮轮旅游业务，打开了亚洲邮轮旅游时代。

世界各主要邮轮公司有以下几个。

(1)美国的嘉年华邮轮公司是世界上规模最大、经济实力最雄厚的邮轮公司。目前,嘉年华邮轮公司拥有荷兰美洲公司、丽星邮轮公司、熙邦邮轮公司、冠达邮轮公司、歌诗达邮轮公司等。嘉年华邮轮公司旗下共有邮轮16艘,其中"嘉年华命运"号、"嘉年华凯旋"号及"嘉年华胜利"号是排水量超过10万吨级的超大型邮轮。

(2)皇家加勒比游轮公司是市场占有率仅次于嘉年华的邮轮公司。皇家加勒比游轮公司运营着3艘世界最大规模的14万吨级邮轮。在阿拉斯加海域也以优质服务和出众的硬件设施与老牌的嘉年华子公司荷兰美洲公司及公主邮轮公司展开竞争。

(3)意大利银海邮轮。世界上有很多邮轮,但名副其实的豪华邮轮并非很多。而银海邮轮公司的邮轮绝对名副其实。银海公司推出的邮轮是整合了世界各国优秀的豪华邮轮优点的新型邮轮。它把一般情况下不包含在邮轮费用里的小费、港口税、船内酒类和饮料等所有的费用都包含在邮轮的整体费用里,并配有其他邮轮不具备的剧院和套房,75%的套房都带有阳台。目前,银海邮轮公司旗下的邮轮有"银云"号、"银风"号、"银影"号、"银啸"号4艘邮轮,运营航线涉及非洲、印度洋、波罗的海、地中海、美国东部和东南亚地区等。银海邮轮在全世界有200多处停靠港,经营多种多样的邮轮旅游业务。

(4)丽星邮轮公司成立于1993年9月。为了开拓亚洲邮轮市场,丽星邮轮在亚太地区大力开发邮轮旅游,并取得了区域性发展的成果,这是其大力谋求振兴亚太地区的旅游事业的结果。丽星邮轮在亚太地区拥有12艘邮轮,主要停靠亚洲各知名港口。

(5)歌诗达邮轮公司是意大利最古老的邮轮公司,也是欧洲最大的邮轮公司。因其独特的意大利风格备受游客的喜爱。目前歌诗达拥有"大西洋"号、"维多利亚"号、"经典"号、"海洋"号、"浪漫"号等7艘邮轮,在北欧、地中海、爱琴海、加勒比海等海域运营。

(三)海底公园自成一格

海底公园以别出心裁的创意,深受游客的喜爱。最先进行海底公园开发的国家有日本、美国、澳大利亚和马来西亚等,在发展海底公园所必要的诸类设施的技术开发方面,这些国家也处于世界领先地位(图2-7)。

1. 日本

在日本,为了让游客观赏到海底自然景观,海底公园一般设在海底地形独特,鱼类、珊瑚、海草等海洋生物比较丰富,海水清洁的浅海海域。目前,日本已有60余个海底公园,遍布于从北海道至冲绳的广大区域。

图 2-7 海底公园

海底公园是核心海域和周边 1 km 的海面以及各种海底公园设施的总称，是以海洋环境保护和海洋世界观赏为目的的公园。海底公园在指定的海域设置公园设施，限制人们采集或捕捞热带鱼、珊瑚、海草等海洋生物。在海底公园，人们还可以乘坐玻璃船或以轻装潜水的形式在海中进行观赏。为了保护海洋生态资源，设立海底公园必须得到环境厅的批准，并由环境厅厅长来指定海底公园海域。被指定的海域还必须记录在《国立公园计划书》里，而《国立公园计划书》又是由自然保护局和计划处来制定并在官方报纸上公示，以便相关部门都知晓。

环境厅所辖的海底公园中心和国立环境研究所环境信息中心是海底公园的主管部门。海底公园中心的主要任务是调查和研究海底公园、海底美景及海底生态，主要工作目标就是提高人们的海洋环境意识、普及海洋环境知识、加强对海洋环境和海洋生态的保护意识。

日本主要的海底公园有以下几个。

(1)串本海中公园，位于本州最南端的和歌山县串本地区海域，是日本最早的海底公园。受黑潮影响，这一海域有丰富的鱼类资源和形形色色美丽的珊瑚，地理条件卓越。串本海中公园的主要旅游设施有海洋馆、海底观景台、玻璃船、旅游潜艇等。

(2)龙串海洋国家公园。位于高知县，成立于 1970 年 7 月。受到黑潮影响，具备珊瑚类和热带鱼类繁衍生息的自然环境。古生代第三纪的砂岩经过长期风蚀和海蚀，形成了蔚为壮观的岩石景观，因而这座海洋公园也被称为"山丘上的博物馆"。该公园还包括珊瑚博物馆、足摺海底馆、足摺海洋馆、龙串旅游汽船等旅游场所和设施。

(3)宇和海海域公园。成立于 1970 年，由大小不同的岛屿和里亚式海岸构成，位于足摺宇和海国立公园内。

2. 美国

为了保护自然景观、动植物的生存环境及生态环境，美国率先形成国家公园制度。

美国的主要海底公园有以下几个。

(1)鱼眼海洋公园(Fisheye Marine Park)。公园位于关岛,这里完美地保存了关岛海域的生态系统。位于美丽的皮提湾(Piti Bay)海域的海底观景台,是关岛潜水地点中最具人气的地方,也是海底漫步(sea walk)的好去处。沿着杜梦湾(Tumon Bay)的海滨大道(Marine Drive)往南步行约 20 min 就是鱼眼海底观景台。平台深入水下 9.5 m,可以观察到各式各样的热带鱼、珊瑚等海洋生物,还可以潜水体验海洋深处的生态环境,是领略大自然的好去处。

(2)海洋世界(Sea World)。位于美国奥兰多海域的海洋世界是目前世界上最大的海底公园。尤其是儿童,在获得快乐的同时,还可以获得很多有关海洋世界和海洋动物的知识。

(四)水族馆日新月异

现在,世界各地建有很多形状各异、大小不同的水族馆,各水族馆的设立目的和经营方针也不同。不过,水族馆的运营还是有一定共性的。

1. 美国

目前美国的水族馆主要有位于坦帕的佛罗里达水族馆、新泽西州的新泽西州水族馆、加利福尼亚州的蒙特利湾水族馆、海洋世界等 30 多个。

(1)西雅图水族馆即太平洋水族馆,位于北太平洋沿岸。这个水族馆在 31 个展示厅里安置了来自 17 个栖息地的 550 多种的海洋生物。水族馆由三大主要展区构成,游客可以领略到来自南太平洋东部、中部和北部三大海域的不同海洋动物。西雅图水族馆距离著名的加州长滩只有 10 min 的车程,附近拥有酒店和其他各种设施。

(2)怀基基水族馆始建于 1904 年,是美国历史最悠久的三大水族馆之一。1919 年起作为夏威夷大学的一部分迁至海边。该馆主要是展出夏威夷和热带太平洋的水生物。

怀基基水族馆具有高品质的展示物:健康活跃的生物、五颜六色的珊瑚以及秀丽的怀基基海滩。因其具有教育意义和环境优势,比别的水族馆更具魅力。

(3)建于 1981 年的巴尔的摩水族馆是随着巴尔的摩市重工业的衰退、旅游产业的兴起而产生的。经过几十年的发展,如今已经成为颇受欢迎的旅游胜地。

然而,由于环境污染,水族馆无法使用港区的海水,于是尽管费用高昂且生物难以适应,该馆却不得不使用人工海水。巴尔的摩水族馆里的生物大多是大西洋的栖息生物,水族馆按不同水深和栖息海域分别展示这些海洋生物。已经被污染、生物无法生存的海域就在旁边,而这里则展示着种类多样的海洋生物,起到了敲响环保警钟的效果。现在,馆员在向游客介绍展品的同时、还穿插进行海洋环保教育,对象为从幼儿到成人的所有游客。

2. 日本

在日本，水族馆的兴起是以 1989 年东京葛西临海水族园的开馆为标志的。之后，大阪海游馆、东京的品川水族馆、名古屋港公共水族馆、横滨的八景岛海洋天堂等大型水族馆接二连三地开馆。

（1）大阪海游馆。大阪海游馆建于 20 世纪 80 年代的日本经济发展黄金年代，所以无论是规模、生物种类、数目，还是主水槽的容量，大阪海游馆都堪称世界之最。大阪海游馆位于大阪湾天保山港湾村海边。海游馆由入口主楼和地上 8 层的两栋水族馆建筑组成。建筑外形似展翅欲飞的海鸥，外墙的瓷砖画以海洋生态系统为主题。

（2）作为东京水族馆兼临海公园，葛西临海水族园是日本最大的水族馆之一，于 1989 年开馆。东京湾内的葛西地区以前是个海滩，后被填平建成临海公园，并在公园内设立了水族馆。两座人工沙滩岛与水族园相连接，里面建有开阔的市民休闲空间。公园中还有候鸟栖息地和人工河流，其中的一个人工岛是保护区域，禁止游客进入。

水族园展示的生物以黑潮流经海域的生物为主，也有很多热带和极地生物。超大型水槽最大限度地模拟海洋生境，游来游去的金枪鱼是水族园的代表性展示生物。在一个展示馆中，园方还通过人工复原的方法展示了东京湾正在逐渐消失的大叶藻床。

3. 加拿大

温哥华水族馆有 40 多年的历史，是世界上成立最早的大型水族馆之一。它以品类齐全的海洋哺乳类动物闻名，展示有白海豚、海豹、须鲸和海獭等。温哥华水族馆也是世界上第一个成功进行人工繁殖白海豚的水族馆。这些哺乳动物主要生活在太平洋的温带海域或者北极海域，它们的数量正逐渐减少，面临着灭种危机。

水族馆主要研究濒危生物减少的原因，以采取保护措施。温哥华水族馆还拥有一支高水平的研究团队，很多大学和研究机构与其合作进行从海洋哺乳动物到珍贵濒危鱼类的各种研究。

（五）海洋观景台独树一帜

1. 海洋观景台概述

（1）海洋观景台的概念和种类。海洋观景台是建在海上以便于观察岛屿、海洋风光以及海洋动植物的塔状海洋建筑物。观景台分为两种，即远眺型和近接型。远眺型观景台建在比周围地形稍微高的地方，特点是可以高瞻远瞩，将远处的风景尽收眼底。这类型观景台设计时要注意与周边的自然景物相和谐，尤其要注意观景台建筑物不要破坏海上的天际线。

近接型观景台是接近大海瞭望的建筑，优点是可以近距离观察海面。一般建在海边的岛屿(礁)、离岸堤等人工构筑物上面。设计近接型观景台时要考虑海平面上观景台的立体感。

(2)海洋观景台还包括海底观景台。海底观景台建在海底,使游客不需要特别的装备也可以安全地欣赏海底景观。海底观景台一般包括观景台主体和连接桥梁与水中隧道。有时也会用船舶。观景台的位置一般设在离海岸线100 m以内,可以观看10 m深的海底。

2. 海洋观景台现状

海洋观景台一般规模较小,其目的也仅仅是为了观景、观鱼,在旅游风景区并不是热门的旅游项目。海洋观景台被认为是性价比较低的设施,所以很少有人将观景台当作海洋旅游开发的重点对象。因此,与其将观景台作为独立的海洋旅游对象进行开发建设,还不如作为海洋公园内部旅游设施之一,以提高海洋公园价值。

只有当观景台与其他海洋旅游产品融为一体时它才能显现自身的价值,成为具备一定吸引力的旅游设施。因此如果能够设计出包括观景台在内的配套开发计划,那么观景台也就能为提升旅游项目的价值做些贡献。

很多观景功能都是后天被赋予塔状建筑物的,如东方明珠电视塔、金茂大厦等。

海底观景台是通过建在海底的设施观赏海底世界的观景台,这方面开发较早的国家有日本。日本的海底观景台分别设置在和歌山县、冲绳县、佐贺县以及千叶县等地。关岛的鱼眼海底景观台也是当地值得一去的旅游吸引物。

(1)关岛鱼眼观景台。关岛鱼眼海洋公园位于关岛的皮提湾,其中鱼眼观景台吸引广大旅客。它是密克罗尼西亚地区最早建造的海洋建筑。目前已经成为世界性海洋旅游对象。海底观景台设置在二战时遗留的炮弹坑里。因为保护得当,关岛鱼眼观景台海域是大量珊瑚、热带鱼类的栖息地,更使这里成为旅游胜地。

鱼眼海洋公园一直致力于保护关岛海洋生态系统并希望把它开发成有魅力的海洋旅游产品。皮提湾有美丽的海底景观,使得观景台成为关岛非常有人气的潜水之地。

(2)足摺观景台位于日本四国最南端的足摺宇和海国立公园内亚热带植物覆盖的80 m高的海岸绝壁上。自1914年建成以来就成为受人欢迎的海洋旅游景观,以足摺灯塔为中心2 km范围内还有天狗鼻灯塔。

以太平洋为背景的海洋灯塔景观、沿日本列岛循环的黑潮拍打在礁石上激起朵朵浪花的景观、呈圆弧状的地平线景观,都让人们赞叹不已。在由太平洋巨浪侵蚀而形成的高16 m、宽17 m的白山洞门,游客还可以欣赏到汹涌的波涛。

(3)串本海底观景台位于本州和歌山县最南端的潮岬。潮岬是本州岛距离黑潮最近的地方,拥有物产丰饶的渔场和碧蓝的海水。海岸线的大部分被划入吉野熊野国立公园,由里亚式海岸和悬崖潮岬脚下往西延伸的碧蓝的海域中生长着五颜六色的珊瑚群,美丽的海洋景色远近闻名。设置在串本水下 140 m 处的海底观景台可以欣赏海底世界，也可以看到热带鱼悠闲自得的样子。

八、海洋旅游的前景

21 世纪的旅游者更向往的是能彰显个性的旅游，以海洋旅游为主题的旅游时代即将到来。因此，海洋旅游环境的保护、海洋可持续发展的对策，关系着海洋旅游的未来。

（一）海洋旅游环境保护

在旅游与环境之间，既存在着相互促进的正面效应（因旅游开发改善、美化了环境），也存在着相互矛盾的负面效应（因旅游开发损坏、污染了环境）。那种视旅游业为"无烟产业"、不存在环境污染的观点是不科学的。如果旅游对环境的消极作用不能控制在环境可承受的限度内，环境资源的消耗成本就会增加，旅游新创造的价值也被抵消。旅游业的无序开展会给生态环境和旅游资源带来灾难性的破坏，导致旅游与环境之间的矛盾越来越大。海洋旅游业的飞速发展，迫切要求在合理开发利用海洋旅游资源的同时，加强环境治理和保护，为海洋旅游活动的开展营造良好的外部环境。

1. 监控和整治海洋污染，严格控制污染物排放

海洋环境问题特别是海洋污染对海洋生物资源，甚至人类健康所造成的严重危害，早已引起世界各国，尤其是沿海国家的密切关注。20 世纪 70 年代以来，国际性或区域性环境问题会议频繁举行。许多国际性组织都设立了致力于保护海洋环境的机构、制订了海洋污染研究和检测计划、组织开展了大量的调查研究工作。不少地区针对海域污染日益严重的局面，成立了区域性的海洋环境保护组织。很多沿海国家也开展了海洋环境污染调查、研究、监测和保护工作。为维持海洋旅游环境的正常状态，改善被污染海区的水质，各国根据不同海区的具体情况和对水质的不同要求制定了海洋环境水质标准和相应的污水排放标准，作为水质监测的基础。

我国早在 1982 年就制定了全国统一的水质标准，并施行了相应的全国统一的工业废水排放标准。这些工作有效预防和控制了海洋旅游环境的恶化，逐步改善了已遭受污染区域的环境质量。

在滨海旅游地建立统一的环境监测系统、进行日常监测工作是控制海洋旅游环境污染、保护海洋旅游资源和环境的重要措施。各国根据海洋旅游资源调查的结果，建立海洋旅游资源和环境数据库、信息库，为海洋旅游资源与环境评价、旅游资源开发

提供依据。水质监测机构从生态学方面入手，定期测定近岸海水及各种污染物质含量等水质指标。公共卫生部门从公共卫生观点出发，要确保开展游泳和其他娱乐活动的滨海旅游地水质标准应高于基本标准。要对通过海洋生物危害人类健康、影响海岸环境质量的污染物进行监测，当海水、近岸或特定的生物体内某种污染物质超过最高允许浓度时，应发布警报。要监测客流情况，及时发现旅游业带来的环境问题并加以控制。

要根据海洋旅游类型，制定合理、可行的海洋环境法规和环境质量标准，针对某个旅游部门产生的环境问题确定相应的环境标准，并评价环境标准的执行情况。针对海洋旅游活动及其结果进行评价，在宏观方面进行海洋环境评价、海洋旅游产品评价；在微观方面针对造成环境压力的具体行为和问题进行评价。加强海洋旅游开发过程中社会经济和生态的综合评价。对评价产生的数据库定期更新，作为海洋旅游管理的依据。

要防止沿海污染事故的发生。近年来海洋污染事故大幅度增加，污染区域逐渐扩大，我国沿海各省（自治区、直辖市）都有污染事故发生。事故中重大事故比较多，近年特大事故、特别是损失百万元人民币以上的恶性事故增幅较大。沿海各地因船舶碰撞或触礁引起石油泄漏污染海域的事故也连续发生，造成极大危害。滨海旅游地区必须在事故多发海域建立及时有效的污染事故应急处理机制。

要制定滨海旅游地区的污染物排放标准并贯彻实施，控制滨海旅游地的污染物排放量、排放浓度和排放区域；控制船舶清洗作业带来的污染；禁止在旅游区及其周边地区布局空气污染和噪声污染严重的工业企业，并对机动车辆造成的空气污染和噪声污染严加控制；控制旅游开发中使用的材料类型，积极学习和引进国外先进海洋污染治理研究成果，提高滨海旅游地区环境质量。

2. 完善基础设施建设，加强项目建设评估论证

完善滨海旅游基础设施建设，重点加快区域内道路、供水、供气、排水、排污和垃圾处理及区域之间的快速联系通道，公共文化娱乐设施等重要基础设施建设，不断增强生活服务功能，增加旅游经济效益，提高旅游市场竞争力。加强能源建设，调整能源结构，减少能源消耗引发的环境污染。兴修水利，提高淡水的重复利用率和海水利用率，合理规划铺设能源及给排水管线，保证旅游地能源和水源的充足、稳定供应。旅游地交通建设应根据海洋旅游业发展的需要，严格控制交通工具的数量，同时完善旅游地交通网。加强对废弃物处理设施设备和处理技术的研究以及对滨海旅游地废物丢弃规律的研究，有针对性地提高滨海旅游地的垃圾箱密度和垃圾处理系统等级，以减轻旅游给环境带来的负担。

交通建设方面，要研究客源规律，通过科学规划，提高交通设施利用效率，避免

因运力匮乏引起游客滞留。根据主要客源市场及主要潜在客源市场的区位，进行基础设施的全面规划和重点建设。新的旅游开发项目应尽可能位于公共交通便捷且利用率高的区域，或靠近地区交通规划中的重点设施。邮轮旅游是海洋旅游的一大特色，应在港口建设的同时，加强停靠港周边旅游资源开发，配备现代化的导航通信设备和游乐设施。利用现代高科技，实现环境信息和旅游信息传输的广泛和高效，是加强滨海旅游地区环境管理和旅游管理的必要保证。要强化滨海旅游地区和滨海旅游地的信息基础设施建设，配备现代互联网技术装备，逐步与国内外通信网络和信息网络联结，形成高效便捷的通信与信息网络，带动海洋旅游业宣传促销的国际化和现代化，滨海旅游地的旅游设施建设，要在旅游市场调查和研究的基础上，合理确定宾馆饭店的结构和总体规模，鼓励投资者适时、适地地进行建设，为游客提供满意的住宿和餐饮服务。根据旅游规划，加强旅游地游览设施、娱乐设施以及配套服务设施的建设，为游客提供多方位的配套服务。

滨海旅游的项目建设应慎之又慎。政府管理机构应当制定衡量可持续发展的指标，建立相应的评估体系，对海洋旅游项目建设的可行性从多角度评估和论证，把项目建设可能获得的经济效益与可能对海洋环境造成的影响进行综合考虑，在项目实施过程中加强监督和控制。滨海地区主管部门重点研究区域旅游业可持续发展的潜力和主要影响因素，研究滨海项目建设对海洋环境可能造成的影响，对旅游地内的建设项目严格进行审批、监控和协调，同时将环境观念有机地融入海洋旅游开发的政策中，设施建设尽可能使用可循环材料，提高资源使用效率，使废物最少化；鼓励使用当地的砂石等建筑材料，同时严格控制海沙的开采。

3. 制定规划，确立管理区域

科学的规划是海洋旅游资源持续利用的必要保证。要以国务院《全国海洋经济发展规划纲要》及各省(市、自治区)的海洋功能区划为指导，根据海洋旅游资源的特点和目标市场的需求，高起点、高标准地制定各地的海洋旅游发展总体规划和产业发展战略，合理建设旅游设施和设置景点，避免盲目开发和短期行为。在制定和实施规划时，环境标准与社会标准必须紧密结合，区域规划、项目规划、活动规划、行业性规划必须结合。海洋旅游项目建设应先进行环境影响评价、旅游环境空间承载量和心理承载量的研究，必须把海洋环境变化保持在生态系统本身和社区居民可接受的限度之内。

在滨海旅游地区的规划工作中，要把整体规划和区域规划有机地衔接起来。国家旅游规划中须界定旅游发展的宏观经济模式、部门经济政策指导、公共投资在部门经济中要实现的目标等。为了实现就业和创汇，有效地参与世界市场的竞争，总体规划中应该明确指出旅游服务必须现代化，必须加强旅游基础设施建设，还应强调旅游业部门经济应该有益于国家经济发展。

为促使滨海旅游地建设能按照规划意图实现良性发展，规划必须遵循以下基本原则。

(1)生态原则。良好的海洋生态环境是滨海旅游地赖以生存和发展的基础，必须把开发量控制在该区域生态系统保持自行调节和正常循环的相对稳定水平上，在保护和培育生态稳定性的前提下进行适度开发。

(2)特色原则。规划要维护滨海旅游地原有的自然环境与社会环境，以体现旅游地与众不同的特色，吸引游客。这种特色反映在滨海旅游地的自然特色、人文景观、民俗风情、娱乐活动等旅游项目的内容和形式上。项目规划应在突出旅游地自身个性的同时，形成整体氛围，从建筑物、标志物、环境设施和环境品质上反映出来。

(3)系统原则。滨海旅游地的规划应具有系统性和综合性，规划中对项目系统的不同层次、新建项目与滨海旅游地环境及其与周边地区的关系进行全面周密的考虑。

(4)动态原则。滨海旅游地规划应根据环境的变化进行适时的调整，成为不断调整的动态过程。要在规划时严格控制用地和建设规模，同时在建设目标和时间等因素方面形成伸缩性及开发时序性。

滨海旅游地的规划除了考虑经济性、合理性和审美的整体性，还要充分考虑其环境效应，将海洋旅游文化内涵渗透到旅游资源开发规划、旅游设施建设、旅游产品设计和生产的全过程中，使之与当地的自然环境、社会环境和文化环境完美结合。

4. 优化海洋自然环境，保护海洋文化资源

开展海洋旅游资源调查和旅游设施调查，根据旅游地的地貌形态与活动、资源和设施的地域配置确定空间布局模式和开发建设项目，确定开发重点和步骤。要以《全国重要生态系统保护和修复重大工程总体规划(2021—2035年)》和《全国生态环境保护纲要》为指导，坚持污染防治和生态保护并重的原则，保护海洋生物多样性和防止海洋生态环境全面恶化。

大力推进碧海生态建设行动计划。加大海洋生态修复工程建设和海洋生物资源增殖放流力度，积极推进海洋自然保护区和特别保护区建设，落实海洋工程环境影响评价制度，减少工程建设项目对海洋生态所造成的损害。目前，我国已经建成了海洋自然保护区80余个(其中国家级24个)；建成40多个海洋特别保护区(其中国家级17个)。这些保护区在渤海、黄海、东海和南海均有分布，初步形成了包含特殊地理条件保护区、海洋生态保护区、海洋资源保护区和海洋公园等多种类型的海洋特别保护区网络体系。这些保护区的建设，对典型性的海岸、滩涂、河口、湿地、海岛、红树林、珊瑚礁等各种生态系统都起到了很好的保护作用，从而促进海洋生态环境保护与资源利用的协调统一。

（二）可持续发展的对策

1. 海洋旅游可持续发展的理念

作为社会发展的重要组成部分，旅游业是实现国民经济可持续发展不可缺少的因素。无论是从旅游业对自然禀赋和社会馈赠的依赖，还是从旅游与环境的辩证关系来看，旅游业都是最需要实现可持续发展的领域之一。

旅游业的发展必须走可持续发展道路。1990年，在加拿大温哥华召开的"90全球可持续发展大会"上，旅游组行动策划委员会提出了《旅游持续发展行动战略》草案，构筑了可持续旅游的基本理论框架，并阐述了可持续旅游发展的主要目标。1993年，学术刊物《可持续旅游杂志》（*Journal of Sustainable Tourism*）在英国创刊。1995年，联合国教科文组织、联合国环境规划署、世界旅游组织和岛屿发展国际科学理事会，在西班牙加那利群岛的兰沙罗特岛专门召开了"可持续旅游发展世界会议"，大会通过了《可持续旅游发展宪章》和《可持续旅游发展行动计划》，为可持续旅游提供了一整套行为规范，并制定了推广可持续旅游的具体操作程序。这次会议标志着可持续旅游进入实践性阶段。

可持续旅游就是要保护旅游业赖以发展的自然资源、文化资源、其他资源，使其为当今社会谋利的同时也能为将来所用，内涵包括旅游业发展需要进行规划和管理，这样才不至于在旅游区造成严重的环境问题或者是社会文化问题；在必要时应保持和提高旅游区总体上的环境质量；应将游客的满意程度保持在较高水平，这样旅游景点才能保持其对游客的吸引力和经济效益；旅游业带来的效益要广泛渗透到社会当中，尤其应对旅游区的居民大有裨益；旅游业应与地区总体发展计划和地区规划相吻合。其目标是要增进人们对旅游所产生的经济效应和环境效应的理解，在发展中维持公平，提高旅游地居民的生活质量，为游客提供高质量的旅游感受，保护未来旅游开发赖以生存的优质环境。

2. 海洋旅游发展对策

为了迎接"海洋世纪"，各地制定的规划中都提出重视海洋产业规划与海洋经济区的建设，这也为海洋旅游发展带来了良好的发展空间。为了获得更大的发展空间与经济效益，发展海洋旅游应该从以下几个方面入手。

（1）确立可持续发展的战略思想。海洋是人类赖以生存与发展的资源宝库，海洋能创造的价值比相同面积的陆地创造的价值要大得多。我国虽然地大物博，但人均占有资源相对较少。因此要尤其注意保护利用海洋资源，这对我国经济发展起着重要的作用。如果没有保护海洋资源的意识，一味强调无止境地利用海洋资源，总有一天也会枯竭。所以，首先要确立可持续发展的海洋旅游经济战略。

坚持保护与开发相结合的原则，正确处理好海洋自然景观的保护、研究、利用的关系；保持海洋旅游区的地方特色，维护海洋资源的合理开发。

不在脆弱敏感的海洋生态区域内建筑住宿设施，尤其要禁止挖山填海活动，防止各种人为的污染环境、破坏生态的行为；必须要在海洋区域内建筑住宿设施时，要以方便简洁为主，采用节能设备，不能将生活污水排放入大海，所使用的生活能源不应给周围的海洋自然生态环境造成不良影响。

研究海洋自然保护区的环境容量，防止超负荷接待，实施"旅游预报"制度，达到控制和阻止过度使用海洋旅游资源的目的。同时，协调好经济效益与社会效益、眼前利益与长远利益的关系，取得海洋旅游的最佳经济效益。

依靠现代科学技术，吸取世界各国先进经验，以海洋旅游市场为导向，防止剩余供给的现象出现，充分挖掘海洋旅游的潜力，形成具有各国特色的海洋旅游经济新格局。

(2)建设海洋生态旅游岛。岛屿是一个相对独立的地理单元，其地理条件的特殊性，形成了独特的生态环境、历史文化和风土人情等。这些正是岛屿旅游的魅力所在，也是近几十年来世界岛屿旅游蓬勃发展的原因。但是，由于岛屿地理空间和环境承载力有限，更需要坚持可持续发展的原则。

我国在开发岛屿旅游的时候，应积极导入 ISO14001 国际环境管理标准，建设海洋生态旅游岛，将岛屿旅游开发与改善岛民生活相结合，注重岛屿地域资源的保护与利用。利用"海水、沙滩、垂钓、渔船体验"开展"观赏、体育、娱乐、度假、休闲"等形式新颖、有吸引力的旅游项目；建设海洋性休养、住宿设施，开展健康疗养的旅游项目；开发适销对路的海洋旅游商品，提高海洋旅游的文化内涵以吸引游客，扩大海洋旅游消费，提高海洋旅游经济效益。

(3)注重滨海旅游圈的经济合作。目前，经济发展强调的都是国家与国家之间的经济合作，今后应该考虑发展拥有海滨资源的城市或地区之间形成合作的区域经济。如：分布在中国黄渤海沿岸的青岛、大连、天津、秦皇岛、山海关等旅游城市可以构筑"环黄渤海旅游经济圈"。城市与城市、地区与地区之间可以用豪华游船连接起来，形成跨区域海上旅游通道，达到客源互补、资源共享的目的。还可以考虑构筑以中国、韩国、日本为核心的环黄海旅游经济圈或东亚旅游经济圈等，以此加强经济合作与交流，增加相互的收入与就业机会，以扩大各自海洋旅游产业对国民经济的贡献。

(4)理顺海洋旅游管理体制。在一些滨海旅游地，旅游开发缺乏科学的指导思想，管理体制混乱，时常导致利益各方各自为政，使海洋旅游业的发展迟缓，旅游环境质量严重下降。旅游业具有良好的行业带动作用和就业功能，海洋旅游目的地各级政府的决策层及相关职能部门应当充分认识海洋旅游环境对当地旅游业乃至当地国民经济良性发展的重要性，牢固树立可持续发展的思想观念，做好组织协调工作，理顺旅游主管部门与各方的关系，加强旅游业的行业管理力度，克服海洋旅游业发展中政出多门的弊端。要加强管理、协调和监督等各方面的力度，建设适应旅游业发展要求的企业环境、产业政策与环境以及旅游宏观管理体制，培育一体化的运行机制，构筑高效、统一、协调运作的组织保证体系，以适应新时期海洋旅游业的发展需要。

（5）协调海洋旅游产业结构。海洋旅游业的发展要运用系统论，将其视为一个巨大的产业群。充分利用区域条件、城市背景等资源，改变旅游业单纯的外延扩大、粗放型发展的增长模式，提高集约化程度和产业素质，加强企业内部管理和行业间的协调，使旅游服务企业和食、住、行、游、购、娱等行业形成共赢局面，实现行业集约经营和规模化发展。

（6）建立多元化的投资体系。旅游业的发展需要高额的投入，尤其是滨海地带和海岛地区更是需要大量基础设施投资。仅靠政府投入是远远不够的，建立多元化投资体系是顺利发展海洋旅游业的必然要求。通过联合、资产重组等方式增加投入，通过股票市场筹措旅游开发资金，建设上规模的国际性旅游企业，在星级饭店、旅行社及相关服务产业形成集团效应和人才优势效应，通过技术更新、设备更新换代，改变旅游企业设备陈旧、技术手段落后、经营效益低下的状况。

（7）创新旅游产品特色内涵。首先应突出与内陆文化有较大差异的海洋文化特色，注意打造具有鲜明海洋文化特色的旅游产品。其次是突出海洋的自然美和人文美，尽可能地保持海洋旅游资源的原始风貌和原汁原味的地域文化，新项目的建设要避免模仿和雷同。进行项目开发前要进行大量的市场调查和研究，避免地域文化过度商业化和庸俗化。再次是要准确预测客源市场的发展趋势，以最大限度地满足目标市场的需求为目标，对旅游资源进行有针对性的开发利用。对资源进行深层次开发，尽量使活动项目多元化，设计各种参与性、娱乐性强的海洋旅游项目，并不断地升级换代，做到"人无我有，人有我优"，突出自己在资源方面的优越性和产品的独特性。

（8）适度发展海洋生态旅游。生态旅游是以欣赏和研究自然景观、野生生物及相关文化特征为目标，为保护区筹集资金，为当地居民创造就业机会，为社会公众提供环境教育，有助于自然保护和可持续发展的自然旅游。它是一种具有特定目的的旅游形式，是实现可持续旅游的一种途径和工具，是可持续旅游原则在自然区域和特定社会文化区域的具体运用和实践。我国拥有丰富的海洋自然旅游资源和文化资源，具备开发生态旅游的潜力，但也面临诸如观念、利益、体制、素质、资金等障碍。据中国人与生物圈国家委员会的一份调查显示，我国的自然保护区中已有22%由于发展生态旅游而造成保护对象的破坏；11%出现旅游资源退化；44%存在垃圾公害；12%出现水质污染；61%存在建筑设施与景观环境不协调或不完全协调的现象。

　　这些数据充分表明，在各种条件不成熟的情况下，盲目开发生态旅游，其结果往往只能是事与愿违。因此，必须保持谨慎的态度，循序渐进地发展生态旅游；逐步提高科学技术对海洋旅游经济的贡献；以高新科技拉动海洋旅游产业的技术进步；开发科技含量高、符合可持续发展理念的新兴海洋旅游产品。

专题三　海洋经济

　　对很多人而言，"海洋经济"还是个陌生的词语。其实，海洋经济就在我们每个人的身边。人们平时做饭使用的海盐、到市场购买的海鱼、到海边旅游时乘坐的游船等，都是海洋经济具体的生产和服务性活动的结果。海洋经济学者给海洋经济下了一个科学的定义：海洋经济是开发、利用和保护海洋的各类产业活动以及与之相关联活动的总和。过去30多年里，世界各沿海国家不断加快海洋开发的步伐，全球海洋经济产值由1980年的不足2500亿美元上升到2010年的20000亿美元，海洋经济对全球国内生产总值（GDP）的贡献率达到4%。合理开发海洋、切实保护海洋、发展海洋经济已经成为关系到沿海国家生存、发展和强盛的重大战略问题。

　　本专题主要介绍海洋经济的一些基本知识，包括海洋经济概述、发展历程、发展现状及发展趋势等，并从影响海洋经济发展的因素、资源条件、政策法规等对海洋经济发展提出了意见和建议，列举了大量的数据和案例，对帮助读者形成海洋经济知识体系有一定的指导意义。

　　学习目标：了解海洋经济发展相关知识，明晰海洋经济发展的意义与价值，能初步研判海洋经济发展趋势。树立合理开发和发展海洋经济的理念及致力于投身海洋经济发展的意愿和理想。

一、海洋经济概述

对很多人而言，"海洋经济"还是个陌生的词。其实，海洋经济就在每个人的身边。我们平时做饭使用的盐、到市场购买的海鱼、到海边旅游时乘坐的游船等，都是海洋经济具体的生产和服务性活动的结果。海洋经济学者给海洋经济下了一个科学的定义：海洋经济是开发、利用和保护海洋的各类产业活动以及与之相关联活动的总和。

学者们从不同的角度将海洋经济划分为不同的类型。按海洋经济发展的历史时期，可分为远古海洋经济、古代海洋经济、近代海洋经济、现代海洋经济；按海洋开发的技术水平和时间过程，可分为传统海洋经济、现代海洋经济、未来海洋经济；按海洋经济部门结构，可分为海洋渔业经济、海洋运输经济、海洋制盐及盐化工经济、海洋油气经济、海洋矿产经济、海洋工程经济、海洋旅游经济、海洋能源经济、海洋服务业经济；按海洋空间地理类型，可分为海岸带经济、海岛经济、河口三角洲经济、专属经济区经济和大洋经济。

如果说海洋经济是一个大家族，那么这个家族的成员就是一个个海洋产业。20 世纪 60 年代以来，随着全球性海洋开发热潮的兴起，海洋经济成为沿海国家和地区国民经济的重要领域。同时，新的海洋产业部门不断产生、发展，日益成熟。

海洋产业活动具体分为五个方面：直接从海洋中获取产品的生产和服务；直接对从海洋中获取的产品进行的一次性加工生产和服务；直接应用于海洋的产品生产和服务；利用海水或海洋空间作为生产过程的基本要素进行的生产和服务；海洋科学研究、教育、技术等其他服务和管理。属于上述五方面之一的经济活动，无论其发生地是否为沿海地区，均属于海洋产业。

海洋产业由多个部门组成，构成复杂。第一次全国海洋经济调查结果显示，海洋产业分为海洋产业及海洋相关产业两个类型，具体又细分为 34 个大类、128 个中类和 416 个小类。海洋产业体系主要包括海洋渔业、海洋油气业、海洋矿业、海洋盐业、海洋化工业、海洋生物医药业、海洋电力业、海水利用业、海洋船舶工业、海洋工程建筑业、海洋交通运输业、滨海旅游业 12 个主要海洋产业以及海洋科研教育管理服务业（表 3-1）。

表 3-1　海洋产业体系

| 海洋渔业 | 包括海水养殖、海洋捕捞、海洋渔业服务业和海洋水产品加工等活动 |
| 海洋油气业 | 是指在海洋中勘探、开采、输送、加工原油和天然气的生产活动 |

续表

海洋矿业	是指滨海砂矿、滨海土砂石、滨海地热、海底矿产等的采选活动
海洋盐业	是指利用海水生产以氯化钠为主要成分的盐产品的活动，包括采盐和盐加工
海洋化工业	包括海盐化工、海水化工、海藻化工及海洋石油化工的化工产品生产活动
海洋生物医药业	是指以海洋生物为原料，进行海洋医用材料与药物、功能食品、农药等的生产加工及制造活动
海洋电力业	是指在沿海地区利用海洋能、海洋风能进行的电力生产活动。不包括沿海地区的火力发电和核能发电
海水利用业	是指对海水的直接利用、海水淡化及海水化学提取等综合性生产活动
海洋船舶工业	是指以金属或非金属为主要材料，制造海洋船舶、海上固定装置、浮动装置的活动以及对海洋船舶的修理及拆卸活动
海洋工程建筑业	是指在海上、海底和海岸所进行的用于海洋生产、交通、娱乐、防护等用途的建筑工程及其准备活动，包括海港建筑、滨海电站建筑、海岸堤坝建筑、海洋隧道桥梁建筑、海上油气田陆地终端及处理设施建造、海底线路管道和设备安装，不包括各部门、各地区的房屋建筑及房屋装修工程
海洋交通运输业	是指以船舶为主要工具从事海洋运输以及为海洋运输提供服务的活动，包括远洋旅客运输、沿海旅客运输、远洋货物运输、沿海货物运输、水上运输活动、管道运输、装卸搬运及其他运输服务
滨海旅游业	包括以海岸带、海岛及海洋各种自然景观、人文景观为依托的旅游经营、服务活动。主要包括海洋观光游览、休闲娱乐、度假住宿、体育活动
海洋科研教育管理服务业	是指开发、利用和保护海洋过程中所进行的科研、教育、管理及服务等活动，包括海洋信息服务业、海洋环境监测预报服务、海洋保险与社会保障业、海洋科学研究、海洋技术服务业、海洋地质勘查业、海洋环境保护业、海洋教育、海洋管理、海洋社会团体与国际组织等

二、海洋经济发展历程

海洋经济真正的发展源起于1500年前后的"地理大发现"。18—20世纪的三次科技革命大大促进了海上交通工具、通信工具及海洋捕捞技术、海洋勘探技术等发展，加快了人类走向海洋的步伐。进入21世纪，海洋经济的发展更是突飞猛进，在各国（地区）国民经济体系中占据越来越重要的地位。

（一）海洋经济发展的第一次浪潮

在"地理大发现"之前，世界始终没有真正连接成为一个整体。1492年8月，哥伦布率领"圣玛利亚"号等三艘帆船出发,开启了世界历史的新纪元(图3-1);1497年,达伽马绕过好望角到达印度;1498年,哥伦布在第三次航行中终于发现了南美洲大陆;十几年后,葡萄牙商人阿尔瓦雷斯到达中国的广州;1519年,麦哲伦开始环球航行,发现了连通太平洋和大西洋的海峡。这些航海家的勇敢行为,开辟了新航线,为近代海洋经济的发展打下基础,也开启了现代世界作为一个整体的历史。利用季风在大西洋上航行的消息在欧洲传开之后,重达几十吨的大型船只也可以轻易地在大西洋上往来航行。横跨大西洋的远洋航线的诞生,直观上将欧洲海域和加勒比海连成一片;从更加宏观的角度来看,这也意味着欧亚大陆与加勒比海相连,并预示着远洋航海、航运乃至世界历史的第一次海洋经济发展浪潮的到来。

图3-1 "圣玛利亚"号想象图

西欧大国很快意识到航海、远洋航运和制海权的意义和利益所在。早在1504年,法国就开始和西班牙发生海上冲突。1588年,英国舰队击败西班牙"无敌舰队",由此为第一次海洋经济发展浪潮中的"日不落帝国"的崛起乃至最终称霸世界奠定了基础。

16世纪的荷兰也是雄心勃勃,近洋和远洋贸易航线上都有荷兰人的身影。为了运输更多的货物,荷兰制造了大量被称为"荷兰商船"的标准化船只,而且只需要过去一半不到的船员;加上高效的造船业,运输成本大大低于其他国家,荷兰由此走上了称霸海洋、海洋经济飞速发展的道路。

(二)海洋经济发展的第二次浪潮

第二次海洋经济发展浪潮大体从19世纪70年代开始,到20世纪20年代美国整体国力全面超越英国而宣告结束。这一时期正是英美争锋，传统老牌资本主义国家与新兴资本主义国家完成换代的时代，也是国际局势急剧动荡的年代。南北战争后，美国人发明了蒸汽汽轮机，极大地促进了造船技术的发展。在食品贸易和初创的海洋经济链条上，船舶冷藏设备的发明和改善使得装运肉类甚至水果成为可能。早在 19 世纪中期，美国政府就已在国内建立了海洋投资基金以促进海洋经济的发展。1869 年，苏伊士运河开通，使得欧洲与亚洲之间的远洋航线缩短 5000 多千米，海洋经济获得了飞速发展的动力。以英国为例，英国船只通过苏伊士运河的货物量，从 1870 年到 1912 年，增加了大约 65 倍。这一时期全球远洋航运和贸易获得前所未有的增长，木材资源丰富的美国成为世界造船业的领导者。

1866 年，人类第一次成功跨越大西洋铺设电缆，通信和交通方式的改善极大地促进了远洋运输的发展。1869 年，美国中央太平洋铁路公司和美国联合太平洋铁路公司修建的铁路在犹他州接轨，把大西洋和太平洋两个大洋连接起来。这个跨时代的铁路工程，使美国的海洋经济体量跃居世界第一。美国借助太平洋铁路，便捷地将大宗货物运输到各地，并且跨越广阔的太平洋建立起远至中国的远洋航线，还在沿途设置了大量的补给网点。与此同时，美国的内河航线也获得了空前的发展，这便得欧美各国的产品可以快速流通。正是因为通过远洋出口，美国极大地改善了自己的国际收支，1896—1914 年，美国因贸易顺差而产生的盈余达到了 68 亿美元。

到 20 世纪 30 年代，由于海洋经济的迅猛发展，成千上万的南部和中部居民及海外移民搬迁到纽约、洛杉矶等沿海城市生活，从而促进了美国东西海岸城市群和超大城市群的形成。这样的人口流动也发生在欧洲、亚洲。到 1920 年，美国商船的总排水量已达 1240 万 t。

20 世纪上半叶的两次世界大战，使英国将世界霸主的地位拱手让给美国。二战则进一步确立了美国的海上霸权和海洋经济领头羊的地位。二战结束以后，海洋经济越来越受到各国尤其是西方发达国家的重视。二战后，挪威通过开发海上石油和海洋渔业资源，一举成为北欧富国之一。

(三) 海洋经济发展的第三次浪潮

1991 年，苏联的解体标志着冷战结束，世界海洋经济发展呈现加速发展的趋势，世界各海洋大国及强国分别出台了相关政策、展望、蓝图、报告，以引导本国海洋经济的发展。国家之间的海洋经济竞争日益激烈，尤其对海洋新兴产业的竞争和海洋开发技术制高点的争夺近乎白热化。有数据表明，目前全世界有 100 多个国家和地区制定了详尽的海洋经济发展规划。美国、澳大利亚、日本等海洋经济大国，更是从国家战略的高度看待和协调海洋经济的发展。各国都认识到，21 世纪是海洋的世纪，海洋不只是潜力巨大的资源宝库，更是支撑一个国家未来发展的重要支柱。以美国为例，为了保持其在海洋经济发展领域的领先地位，自20世纪90年代以来，美国加强了对海洋工业的组织与调整，加大了海洋经济和海洋技术研发的投入，使得海洋经济产业特别是新兴产业得到了迅猛发展。目前，美国的海洋工程技术、海洋旅游、邮轮经济、海洋生物医药、海洋风能发电等新海洋经济领域仍居于全球领先或者前列。美国、中国是极少数几个可以进行深水(超过1500 m)油气钻探和开发的国家(图3-2)。

图 3-2　中国的"蛟龙"号潜水器

　　海洋经济在沿海国家国民经济中占有越来越重要的位置。以美国为例，海外贸易总额的95%和货物价值的37%通过海洋交通完成，而外大陆架海洋油气生产还贡献了30%的原油和23%的天然气产量。尤其值得关注的是，美国经济中，80%的GDP受到海岸海洋经济的驱动，40%以上更是直接受到了海岸线的驱动。目前，美国人口有一半定居在距海岸线200 km以内的沿海地区；GDP分布情况也是如此。自2001年以来，我国海洋经济生产总值呈逐年稳步增长趋势，2014年我国海洋经济在GDP的比重大约为9.7%，成为支撑中国经济增长的重要力量之一(图3-3)。

　　从全世界范围来看，海洋经济发展的一个最重要趋势就是人口、经济和产业不断向沿海地区集中。数据表明，全世界目前有60%的人口和三分之二的大中城市集中在沿海地区。这无疑是海洋经济吸引力的一种表现。除远洋运输、海洋渔业、造船等传统海洋经济领域迅猛发展外，新兴的海洋经济产业，尤其是海上采矿、海上娱乐、海洋可再生能源、海洋工程、海洋生物医药等获得了前所未有的发展。海洋经济依托高科技不断向高尖和精深方向发展。海洋经济成为沿海国家经济增长的重要抓手，港口和临港工业园、海洋工业园的建设得到相当的重视，涉及钢铁石化建材、电子矿物和原材料农业大宗商品、风电为代表的能源业、电子、机械制造等行业。最新的数据显示，作为"海洋贸易国家"代表的英国其95%的贸易物资依赖国际海运通道。日本对海洋经济的依赖程度则更高，其99.8%的海外贸易量和40%的国内贸易是通过海洋交通运输完成的，海洋产品还为日本居民提供了40%以上的动物蛋白。

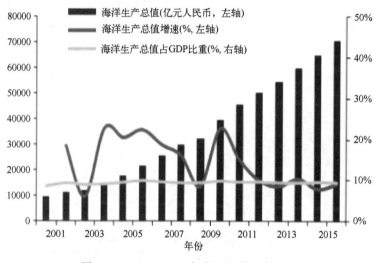

图3-3   2001—2016年我国海洋经济发展

三、海洋经济发展影响因素

自然资源、生态环境、科学技术是影响海洋经济发展的主要因素，同时政策制定与战略规划、管理体制、产业基础、地理位置等因素也对海洋经济发展产生重要影响。

（一）自然资源

自然资源是海洋经济发展的基础，对海洋经济的发展起决定性作用。海洋产业能否发展成为国家或地区的支柱产业或主导产业，在很大程度上取决于自然条件适宜度和海洋资源的丰度。合理、环境友好、适度、高效地利用自然条件和海洋资源，是海洋经济实现可持续发展的必由之路。

（二）生态环境

海洋是地球三大生态系统之一，海洋资源是海洋生态系统的构成部分，海洋资源开发和海洋经济发展必然会对海洋生态与环境产生影响。如何实现海洋资源开发和海洋生态环境保护的和谐统一，是海洋经济发展必须解决的难题。在海洋经济中，海洋渔业、海洋化工业、滨海旅游业、海洋生物制品与医药业、海盐及盐化工业、海水综合利用业等对海洋生态及环境均有不同程度的依赖性，海洋生态与环境的恶化将导致相关海洋产业的停滞或衰退。当前，我国海洋生态与环境已经受到了严重的污染和破坏，对海洋经济可持续发展产生的阻碍日益明显，因此要通过加强海洋环境保护、改善海洋生态环境来保护海洋资源生态系统的良性循环，实现海洋经济的可持续发展（图3-4）。

图 3-4　美丽的嵊泗列岛

（三）科学技术

科学技术对海洋经济的影响非常深远，现代海洋经济发展必须以高新科学技术为支撑。一方面，科学技术的进步提高了海洋资源利用的深度和广度，海洋资源的价值不断提升，并不断催生新的海洋产业形成；另一方面，科学技术的进步大大拓展了海洋产业布局的空间范围，并改变其布局形态。可以说，正是科学技术的迅速发展，才引发了新一轮海洋开发热潮，推动了新兴海洋产业的形成和壮大（图3-5）。

图 3-5　舟山马目风力发电场

此外，今与科技密切相关的是科技人才。人才是科技创新的主体，海洋人才的培养是海洋科技进步的基础条件，对海洋经济发展具有重要的推动作用。

(四) 政策与战略规划

经济政策和产业发展规划也是影响海洋经济发展的重要因素。政府制定国家区域海洋产业发展规划，明确海洋经济发展目标和方向，出台海洋经济发展促进政策，才能切实加快海洋经济发展。国家和地方政府的税收政策、金融政策、土地政策等都会通过影响企业的投资收益率，达到促进或限制海洋经济发展的目的。同时，政府也可以通过直接投资基础设施建设，或对一些重大海洋建设项目进行资金扶持等方式，培育海洋经济发展基础，促进海洋经济发展。

(五) 管理体制

海洋是自然资源的综合体，各类物质资源、动力资源和空间资源都蕴藏在海洋地理空间中，因此海洋资源开发是一项系统工程，应配置相应的海洋开发管理体制和组织机构。通过建立统一高效的海洋管理体制，有效抑制对海洋资源的掠夺式开发，合理规划海洋产业布局，规避区域海洋产业的同构化和低质化倾向，充分发挥海洋的经济效益。

(六) 产业基础

产业发展具有历史继承性，已形成的社会经济基础对海洋产业布局具有重要影响。这种社会经济基础主要包括区域经济发展水平、海洋产业自身发展基础以及相关陆域产业发展基础等。那些海洋产业发展已具备一定基础的地区，应是进行再投资时重点考虑的对象。有些地区虽然目前海洋产业发展相对落后，但与海洋产业存在密切关联的陆地产业却发展较好，因此往往也是海洋产业布局的理想区位。通过在当地进行相关海洋产业布局，与现有陆地产业形成产业链联系，不仅有利于充分利用当地资源，使海洋产业在短期内发展壮大，还可以进一步促进当地陆地产业发展。

(七) 地理位置

地理位置包括自然地理位置和经济地理位置两个范畴，对多数地区的海洋产业布局而言，影响最为显著的是该地区的经济地理位置。一个地区的经济地理位置是指其与经济发达地区、重要港口及交通线、大城市和市场等的空间关系。如果一个地区靠近大城市或经济发达地区，拥有大型港口或处于交通主干道、枢纽上，则该地区的经济地理位置比较优越。有利的经济地理位置，往往意味着出色的经济协作条件，利于接受发达地区的产业扩散，有很好的市场需求，能方便地获取信息、原料燃料供应。经济地理位置是决定区域海洋产业分工地位和海洋产业发展重点的重要因素，一些经济发展水平较高的中心城市、区域中心城市或拥有优越经济地理位置的地区，会成为安排重点海洋产业项目的首选区位。

四、海洋经济发展资源条件

海洋资源是海洋生产力基本的自然要素，它是指在海洋地理区域内，在目前和可以预见的未来，人类可以利用并能够产生经济价值，带给人类福利的物质、能量和空间。海洋资源是发展海洋经济的基本物质条件，离开海洋资源，海洋经济就无从谈起。

我国漫长的海岸线和辽阔的海域空间，蕴藏着各类丰富的海洋资源，如海洋空间资源、海洋生物资源、海洋矿产资源、海水资源、海洋可再生能源、港口资源、滨海旅游资源及国际海域资源等。种类繁多且丰厚的海洋宝藏为我国海洋经济发展提供了源源不断的资源，保证了我国海洋经济的持续快速发展(图3-6)。

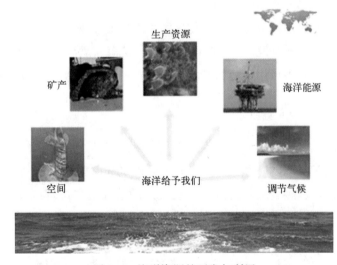

图 3-6 海洋资源的开发与利用

(一)海洋空间资源

我国是世界海洋大国之一，濒临渤海、黄海、东海和南海；海岸线漫长，大陆岸线长 18 000 余千米，岛屿岸线长 14 000 余千米；海域空间辽阔，领海及内水面积约 40 万 km^2，毗连区面积约 13.04 万 km^2；海岸带跨热带、亚热带和温带三个气候带；我国海岛众多，共有海岛 11 000 多个，海岛总面积约占全部陆地面积的 0.8%，浙江、福建、广东海岛数量位居前三；沿海有大量海湾，其中 10 km^2 以上的海湾有 160 多个，大中河口有 10 多个；滨海湿地分布较广，总面积约 693 万 hm^2（1 hm^2 = 10 000 m^2）（其中自然湿地面积 669 万 hm^2，人工湿地面积 24 万 hm^2，山东、广东两省的滨海湿地面积最大）。

(二) 海洋生物资源

海洋生物资源又称为海洋渔业资源或海洋水产资源，是人类出于生存需要而最早开发利用的海洋资源。自古以来，海洋生物资源就是人类食物的重要来源，随着科技的发展，还为人类提供了重要的医药原料和工业原料。持续开发利用海洋生物资源，不仅关系到民生福祉，而且关系到国民经济和社会的长远发展。我国拥有辽阔的海洋国土，因此成为世界上海洋生物资源最为丰富的国家之一。已经鉴定的鱼、虾、蟹、贝和藻等海洋生物物种超过 20 000 种。海洋动物超过 12 000 种，其中无脊椎动物 9000 多种；脊椎动物以鱼类为主，有 3000 多种。主要经济鱼类有 150 多种，优势品种有 20 多种。我国沿海地区是全球海洋生物多样性最丰富的五个近海海域之一，海洋生物物种约占全球海洋生物物种的 10%。

从空间分布来看，中国近海海洋生物资源由南向北递减。南海生物物种最为丰富，达 5600 余种；东海生物物种次之，有 4100 余种；黄海和渤海生物物种较少，约有 140 种。我国沿海海洋生物中可用作药材或具有药用开发价值的物种近 1700 种。

(三) 海洋矿产资源

在长期复杂的地质作用下，海洋空间孕育了极为丰富的矿产资源，主要有海洋油气、天然气水合物和滨海砂矿等资源，占海洋面积 60% 以上的深海（水深 2000 m 以上）海底还蕴藏着锰结核、多金属软泥等矿产资源。随着陆地矿产资源开采规模的扩大和可开采量的减少，海洋矿产资源的重要性日益显现，成为人类社会可持续发展必须依赖的战略物资。

中国海域地质构造多样，造就了种类繁多的矿产资源，尤以海洋油气、滨海砂矿和天然气水合物等储量最为丰富。

(四) 海水资源

我国近海海洋综合调查与评价专项结果显示，沿海地区淡水资源短缺日益严重，近90%的城市存在不同程度的缺水问题，淡水资源已经成为制约我国沿海地区经济可持续发展的瓶颈。实现近海海水资源的淡化利用，对于解决我国沿海区域淡水资源紧缺问题和保证沿海区域经济可持续发展具有重大意义。

海水蕴含着大量的化学元素，它们是从事工农业生产所必需的原材料。据估算，中国近海氯化镁、硫酸镁的储量分别达到4494亿t、3570亿t。200 m深的深层海水富含镁、钙、铁、铬、锰、铜、锂等90多种矿物质及微量元素，一些发达国家早已开始深层海水化学元素的开发利用，并已创造出巨大价值。我国深层海水资源非常丰富，主要分布在南海和台湾东部海域，开发潜力巨大。

(五) 海洋可再生能源

海洋能主要包括风能、潮汐能、波浪能、温差能、盐差能和海流能等。海洋能最明显的特点是"可再生"，因此被称为"海洋可再生能源"。首先，海洋能来源于太阳辐射能与天体间的万有引力，可以说是取之不尽、用之不竭。人们通过各种技术将海洋能转换成电能、机械能或其他形式的能。其次，海洋能还具有储量巨大，但能量密度较小的特点，因此开发利用难度较大。最后，海洋能属于清洁能源，开发后，其本身对环境影响较小。随着全球能源危机的爆发，以及环境保护和经济持续发展要求的增强，开发利用可再生能源已成为许多国家21世纪能源发展战略的必然选择。目前我国能源供应面临需求规模不断扩大、对外依赖度加大及安全威胁增大的局面，因此迫切需要开辟新的能源供应路径，而开发利用海洋可再生能源是破解我国能源困局的有效途径之一。

我国近海拥有丰富的海洋可再生能源，除台湾地区外，近海海洋可再生能源总蕴藏量为15.80亿kW，总技术可开发装机容量为6.47亿kW。潮流能、温差能的能量密度位于世界前列，潮汐能位于世界中等水平，波浪能有较大的开发价值。

(六) 港口资源

港口资源指具有良好区位优势，能提供良好的泊位条件的岸线，特别是深水岸线。我国具备港口建设的有利自然条件，基岩海岸达5000多千米，其中深水岸线400多千米，许多岸段5~10 m等深线逼近岸边，适宜建设大中级泊位港口。我国沿海海湾众多，面积大于10 km² 的海湾有160多个；三角洲河口众多，局部有稳定的深水河槽，有利于港口建设；有一定的水深和掩护条件，可建中级以上泊位的港址超过160个，其中，可建万吨级泊位的港址40多个，可建10万吨级泊位的港址10多个（图3-7）。

图 3-7　宁波舟山港

（七）滨海旅游资源

我国海岸线绵长，蜿蜒曲折，沿岸线分布有众多海岛，沿海地带从北向南跨越温带、亚热带、热带三个气候带，景观多样，物产丰富，具备"阳光、沙滩、海水、空气、绿色"五大旅游资源基本要素，加上我国历史悠久，滨海人文景观分布密度大，滨海旅游资源的多样性、复合性、匹配性都比较突出，开展观光、游览、休疗养、度假、避暑、娱乐和体育运动等游乐活动的条件得天独厚。根据我国相关科研机构进行的调查结果显示，在沿海地带保有滨海旅游资源超过 12400 处，潜在滨海旅游资源区 340 多处，其中近期可开发的 80 多处，包括 15 处生态滨海旅游区、7 处休闲渔业滨海旅游区、6 处观光滨海旅游区、26 处度假滨海旅游区、5 处游艇旅游区、2 处特种运动滨海旅游区、23 处海岛综合旅游区。

（八）国际海域资源

公海、极地和国际海底区域蕴藏的丰富的海洋生物资源和海洋矿产资源，是国家主权之外人类共有的财富。国际海底区域矿藏极为丰富，已知具有商业开采价值的矿产资源主要有多金属结核、富钴结壳和多金属硫化物。我国已在太平洋和印度洋申请到四块具有优先专属勘探开发权的矿区（包括东太平洋多金属结核勘探矿区、西南印度洋多金属硫化物勘探矿区、西太平洋富钴结壳勘探矿区以及东太平洋海底多金属结核资源勘探矿区）。

我国正处于高速发展阶段，资源能源需求强劲。在遵照《联合国海洋法公约》《"区域"内多金属硫化物探矿和勘探规章》《南极条约》及《北极条约》等国际法规的基础上，大力开展海洋科学技术创新，推动开发利用公海、极地和国际海底区域资源，积极拓展资源能源来源渠道，对于我国经济可持续发展具有重大的战略意义。

五、海洋经济政策法规

政策法规是海洋经济发展的重要保障，建立完善高效的政策法规体系，可为海洋经济发展保驾护航，激发海洋经济发展活力，为海洋经济发展提供动力。长期以来中国海洋经济能够实现快速发展，与国家和地方出台的一系列政策法规的支持密不可分。

(一) 海洋经济发展相关法律法规

改革开放后，我国海洋立法迅速发展，目前仅国家级的涉海法律法规就达百部，而在地方一级数量更为繁多，不同层次的涉海法律法规为海洋经济发展提供了必不可少的制度保障。我国海洋立法范围很广，内容丰富，涉及海洋权益、海洋资源、海洋环境、港口与海上交通安全及海岛保护等诸多方面，具体可分为基本海洋法律制度和管理海洋具体事务的法律制度两部分。

基本海洋法律制度是指确立领海、毗连区、专属经济区、大陆架等不同海域法律地位的制度，包括《中华人民共和国领海及毗连区法》《中华人民共和国政府关于领海基线的声明》《中华人民共和国专属经济区和大陆架法》《中华人民共和国政府关于钓鱼岛及其附属岛屿领海基线的声明》。这些基本海洋法律制度为维护中国领土主权和海洋权益奠定了现实基础，也为中国海洋经济的可持续发展提供了空间安全保障。

管理海洋具体事务的法律制度可分为海域使用管理法律制度、海洋环境保护法律制度、海洋资源、开发法律制度、海洋科学研究法律制度、海上交通安全法律制度等。如《中华人民共和国海域使用管理法》《中华人民共和国海洋环境保护法》《中华人民共和国矿产资源法》等。

(二) 海洋经济发展政策

20世纪末至21世纪初期，我国相继出台了促进海洋资源开发、发展海洋经济的相关战略规划，如《中国海洋21世纪议程》(1996)、《全国海洋经济发展规划纲要》(2003)、《国家海洋事业发展规划纲要》(2008)。这三个规划是21世纪头10年我国实施的涉及海洋经济发展的主要规划，集中体现了国家在促进海洋经济发展问题上的战略指向以及政策措施。

进入"十二五"(2011—2015)，随着海洋战略地位的进一步提升、海洋资源需求的扩大、海洋科技创新需求的增强及海洋权益争端的增多，我国面临的内外部海洋环境发生了急剧变化。基于此，中国政府制定和实施了一系列新的涉海政策和战略规划，对面临的形势和环境做出了全面、科学的判断，对发展的目标和任务做出了新的部署，提出了更切实、可行的政策措施，以推动海洋可持续发展。

"十三五"（2016—2020）开局前后，中央和地方出台了多个海洋或涉海科技创新、经济社会发展战略规划，对海洋经济发展做出了一系列新的部署。

2016年8月，依据《中华人民共和国国民经济和社会发展第十三个五年规划纲要》和《国家创新驱动发展战略纲要》出台的《"十三五"国家科技创新规划》，对海洋科技创新与海洋经济发展进行了细化部署，主要内容为：按照建设海洋强国和"21世纪海上丝绸之路"的总体部署和要求，坚持以强化近海、拓展远海、探查深海、引领发展为原则，重点发展维护海洋主权和权益、开发海洋资源、保障海上安全、保护海洋环境的重大关键技术。开展全球海洋变化、深渊海洋科学等基础科学研究，突破深海运载作业、海洋环境监测、海洋油气资源开发、海洋生物资源开发、海水淡化与综合利用、海洋能开发利用、海上核动力平台等关键核心技术，强化海洋标准研制，集成开发海洋生态保护、防灾减灾、航运保障等应用系统。通过创新链设计和一体化组织实施，为深入认知海洋、合理开发海洋、科学管理海洋提供有力的科技支撑。加强海洋科技创新平台建设，培育一批自主海洋仪器设备企业和知名品牌，显著提升海洋产业和沿海经济可持续发展能力。

2019年3月，国务院政府工作报告指出：优化区域发展布局，大力发展蓝色经济，保护海洋环境，建设海洋强国。赋予自贸试验区更大改革创新自主权，增设上海自贸试验区新片区，推进海南自贸试验区建设、探索建设中国特色自由贸易港。2020年11月《中共中央关于制定国民经济和社会发展第十四个五年规划和二〇三五年远景目标的建议》明确指出：坚持陆海统筹，发展海洋经济，建设海洋强国。完善自由贸易试验区布局，赋予其更大改革自主权，稳步推进海南自由贸易港建设，建设对外开放新高地。

（三）海洋环境保护政策

中国海岸和海洋资源长期处于无序、过度开发状态，所面临的生态环境威胁日趋加大，沿海区域经济社会发展面临严峻的资源环境约束。进入21世纪，建设可持续的海洋生态环境成为国际海洋开发的基本主题。顺应新时代海洋开发潮流，我国加强了海洋生态环境保护政策的制定和实施，为改变海洋生态环境面临的恶化局面提供了重要的政策支持。

中国生态文明建设严重滞后于经济社会发展，资源约束趋紧，环境污染严重，生态系统退化，发展与人口资源环境之间的矛盾日益突出，已成为经济社会可持续发展的重大瓶颈。党的十八大将生态文明建设纳入中国特色社会主义事业的总体布局，要求尊重自然、顺应自然、保护自然。2015 年，中共中央、国务院出台了《中共中央 国务院关于加快推进生态文明建设的意见》，专门提出"加强海洋资源科学开发和生态环境保护"，针对编制海洋功能区划、调整经济结构和产业布局、控制陆源污染和港口污染、控制海水养殖和围海填海、实施海洋生态修复及鱼类增殖放流等提出了要求（图3-8）。

图 3-8　舟山渔场鱼类增殖放流

2016 年 11 月，国务院印发《"十三五"生态环境保护规划》明确规定：改善河口和近岸海域生态环境质量。实施近岸海域污染防治方案，加大渤海、东海等近岸海域污染治理力度。强化直排海污染源和沿海工业园区监管，防控沿海地区陆源溢油污染海洋。开展国际航行船舶压载水及污染物治理。规范入海排污口设置，2017 年底前，全面清理非法或设置不合理的入海排污口。到 2020 年，沿海省（区、市）入海河流基本消除劣 V 类的水体。实施蓝色海湾综合治理，重点整治黄河口、长江口、闽江口、珠江口、辽东湾、渤海湾、胶州湾、杭州湾、北部湾等河口海湾污染。严格禁渔休渔措施。控制近海养殖密度，推进生态健康养殖，大力开展水生生物增殖放流，加强人工鱼礁和海洋牧场建设。加强海岸带生态保护与修复，实施"南红北柳"湿地修复工程，严格控制生态敏感地区围填海活动。到 2020 年，全国自然岸线（不包括海岛岸线）保有率不低于 35%，整治修复海岸线 1000 km。建设一批海洋自然保护区、海洋特别保护区和水产种质资源保护区，实施生态岛礁工程，加强海洋珍稀物种保护。

从 2019 年开始，生态环境部组织开展了重点流域、海洋两个"十四五"生态环保专项规划的编制工作。2020 年 3 月，自然资源部为加快推进全国海洋生态环境保护"十四五"规划编制工作，以视频形式召开《全国海洋生态环境保护"十四五"规划》编制试点工作会议，以辽宁省锦州市、江苏省连云港市、上海市和广东省深圳市 4 个城市率先试点。《"十四五"海洋生态环境保护规划》目前正处于编制阶段，它将是今后一个时期内指导海洋生态环境保护工作的基础性、关键性文件。2020 年 11 月颁布的《中共中央关于制定国民经济和社会发展第十四个五年规划和二〇三五年远景目标的建议》明确指出：提高海洋资源、矿产资源开发保护水平。继续开展污染防治行动，建立地上地下、陆海统筹的生态环境治理制度。

六、海洋经济发展现状(一)

改革开放以来，我国海洋产业门类不断健全，海洋经济结构逐步优化，传统粗放型的渔业发展方式逐步被捕养结合、精深加工的发展方式所替代。新兴海洋产业蓬勃发展，渐已形成一定的规模。科技在海洋经济中所发挥的作用越来越大，海洋经济的未来值得期待。

(一)海洋渔业

我国海洋渔业起步较早，按照作业方式可以分为海洋捕捞、海水养殖和海水产品加工。

1. 海洋捕捞

从1990年起至今，中国海产品生产稳居世界第一。伴随海洋捕捞产量的提高。此后，传统优质渔业资源(如带鱼、大黄鱼、小黄鱼、真鲷、银鲳、对虾等)都出现了资源衰退加剧的问题，我国海洋渔业可持续发展受到严重威胁。针对海洋捕捞业发展的困境，我国政府一方面实施伏季休渔、捕捞定额、控制捕捞强度等措施，为恢复野生渔业资源创造条件；另一方面积极引导海洋渔业向海水养殖、远洋捕捞转型，推动海洋渔业的多元化发展。从近年情况来看，我国海洋捕捞产量基本处于稳定状态，2019年海洋捕捞总产量达1000.15万t。由于近海渔业资源锐减以及生态环境恶化，近海捕捞增长潜力较小。

20世纪80年代以来，我国远洋渔业从无到有，逐渐发展壮大。2018年，全国远洋渔业总产量和总产值分别为225.75万t和262.73亿元人民币，远洋作业渔船达到2600多艘，船队总体规模和远洋渔业产量均居世界前列。目前，中国的公海鱿鱼钓船队规模和鱿鱼产量居世界第一；金枪鱼延绳钓船数量和金枪鱼产量居世界前列；专业秋刀鱼船数量和生产能力跨入全球先进行列；南极磷虾资源开发取得重要进展(图3-9)。

2. 海水养殖

20世纪90年代，在科技进步和政策措施的推动下，我国海水养殖业发展势头强劲，海水养殖产量开始超过捕捞产量。我国成为世界上第一个也是唯一的养殖产量超过捕捞量的国家，实现了以捕捞为主向以养殖为主的历史性转变。2018年，我国海水养殖面积达 20430.7 km², 产值达 3572 亿元人民币。近年来, 我国海水养殖业开始向质量效益型转变, 以工厂化循环水养殖、深水网箱养殖和以海洋牧场为代表的健康养殖模式得到快速发展。

图 3-9　舟山远洋捕鱿船

3. 海水产品加工

随着科技的进步和市场需求的加大, 中国海水产品加工规模和效益逐年提升, 精深加工水平也越来越高, 产品结构不断优化。鱼类、虾类、贝类、中上层鱼类和藻类加工工业体系逐步完善。烤鳗、鱼糜和鱼糜制品、紫菜、鱿鱼丝、冷冻小包装产品、海藻类等食品被大规模地开发和推广, 不仅品种繁多, 质量也达到或接近世界先进水平。我国是海水产品出口大国, 2002 年至今, 海水产品出口连年居世界第一。2018年, 我国海水产品出口规模和出口金额皆创下新高, 出口数量 425 万 t, 创汇达 222 亿美元。

(二) 海洋生物制品与医药业

我国现代海洋生物制品与医药业发展起步较晚。进入 21 世纪, 海洋生物制品与医药研发力量不断增强, 沿海省市相继建立了数十家研究机构, 形成了以青岛、上海、厦门、广州为中心的四个海洋生物医药研究中心。

借助国家"蓝色经济"战略, 我国海洋生物医药产业呈现出快速发展态势, 是近十年来海洋产业中增长最快的领域。我国海洋生物制品与医药业产值由 2007 年 40 亿元增长至 2017 年的 385 亿元, 增长了近 10 倍。

目前, 中国海洋生物制品与医药开发已取得了丰硕的成果, 自主研发的海洋药物有藻酸双酯钠、甘糖酯、多烯康、甘露醇烟酸酯等。我国是海洋生物制品原料生产大国，壳聚糖、海藻酸钠的产量占世界 80% 以上。海藻多糖的纤维制造技术、海藻多糖纤维胶囊、新一代止血抗菌功能性伤口护理敷料和手术防粘连产品已实现产业化，海洋寡糖农药开发应用处于世界领先地位。

(三) 船舶与海洋工程装备业

1. 船舶制造

随着全球经济的快速发展及国际贸易额的迅速增长，国际船舶市场空前兴旺，促使中国船舶制造业实现飞跃式发展，增长速度远远高于日、韩等主要造船国。截至 2019 年上半年，我国造船完工量、新接订单量、手持订单量(以载重吨计)分别占世界市场份额的 37.1%、55.8% 和 44.9%，造船三大指标均位居世界第一(图 3-10)。

图 3-10　船舶修造

近 20 年来，我国船舶制造技术也取得了显著成就，不仅成功自主设计建造了好望角型散货船、30 万吨级邮轮、8530TEU 集装箱船等超大型主流船舶，而且在 LNG 船、豪华旅游船、极地科考破冰船等技术船舶领域取得了重大突破。

2. 海洋工程装备制造

总体而言，我国海洋工程装备制造行业仍处于追赶阶段，但由于我国具备了世界一流的船舶建造工业基础，全球海洋工程装备的制造中心逐渐向中国转移。数据显示，2012—2014 年中国海洋工程装备制造订单总量 38%，2015—2018 年中国海工装备制造业订单规模占比保持在 40% 以上。

目前我国各类海洋工程(简称海工)平台等大型装备建造企业已达 20 多家，海洋工程船建造企业达 100 多家，主要大型海工装备建造企业有中集来福士海洋工程有限公司、招商局重工(江苏)有限公司、大连船舶重工船业有限公司和中国船舶外高桥造船有限公司等。我国已成为自升式平台和海工辅助船制造大国。我国海洋油气开发装备制造业不仅在产业规模产能上取得了长足发展，部分企业在高端装备领域还实现了历史性突破。

(四) 海洋可再生能源业

1. 海上风能

2010 年，我国第一个大型海上风电场——上海东海大桥 10.2 万 kW 海上风电示范项目成功并网。2012 年，中国规模最大的海上风电场——国电龙源江苏如东 15 万 kW 海上示范风电场投产发电。到 2016 年底，我国建成的海上风电项目装机容量已达 163 万 kW，是海上风电装机最多的国家之一。在海上风电研发领域，我国已可以制造生产 5 MW 和 6 MW 等大容量风电机组，初步解决了海上运输、安装和施工等关键技术，具备了一定的海上风电场运营经验。

2. 海洋能

我国潮汐能储量丰富，开发利用较早，是世界上建设潮汐电站最多的国家。江厦潮汐试验电站是中国第一座潮汐能双向发电站，发电量位居世界第三。我国正在积极推进山东乳山市乳山口、福建东山县八尺门和浙江三门县健跳港等多个万千瓦级潮汐电站的建设。此外，一些以波浪能为主的多能互补示范电站也在加紧建设。

(五) 海洋交通运输业

目前我国 90% 以上的原油、铁矿石、粮食、集装箱等进出口货物都是通过海运完成的，同类产品年海运量占全球 1/3。2018 年，我国港口完成货物吞吐量 143.51 亿 t，集装箱吞吐量 2.51 亿 TEU。全国亿吨级大港达到 29 个，百万标箱级港口达到 22 个，在世界港口货物吞吐量、集装箱吞吐量排名前 10 位中分别拥有 8 席和 7 席。

2016 年，我国拥有海运船队运力规模达 1.6 亿 DWT，位居世界第三，形成了大型现代化的油轮、干散货船、集装箱船、液化气船、客滚船和特种运输船队。

(六) 滨海旅游业

我国滨海旅游资源丰富，不仅有众多自然风景资源，还富有特色鲜明的人文景观资源。自 2000 年以来，我国滨海旅游业持续较快增长，高于同期国内旅游业增长速度。2019 年，我国滨海旅游业实现产值 18 086 亿元，比上年增长 9.3%。滨海旅游业正在领跑海洋经济。

目前中国的滨海旅游以海滨区域旅游为主，真正意义上的海上旅游产品很少，如邮轮巡游、游艇、帆船、海上垂钓、冲浪、潜水等海洋旅游产品只在少数滨海旅游地出现，多数滨海旅游地的滨海旅游产品发展仍处在海滨观光向海滨度假转化的时期，高端海上观光与度假旅游仍处在起步阶段，发展空间巨大。

七、海洋经济发展现状(二)

我国东部沿海从北至南分布着 11 个省、自治区和直辖市(不含香港、澳门两个特别行政区和台湾地区)。这 11 个地区依托滨海区位优势和资源优势，经年累月深耕海洋，大力发展海洋经济，造就了门类众多、规模庞大的海洋产业体系，形成了朝气蓬勃的中国东部沿海海洋经济带，成为推动中国国民经济全面可持续发展日益重要的战略空间。

(一)山东省

山东省海域横跨黄海和渤海，陆地海岸线总长 3300 余千米，约占全国 1/6，海域面积 16.9 万 km^2，沿岸分布 200 多个海湾，以半封闭型居多，优质沙滩资源居全国前列，滩涂面积占全国的 15%。

山东省海洋生物种类繁多，近海矿产资源丰富，海洋油气已探明储量 23.8 亿 t，我国第一座滨海煤田——龙口煤田的累计查明资源储量为 9.04 亿 t，海底金矿资源潜力在 100 t 以上，海上风能、潮汐能、波浪能等开发潜力巨大。山东省沿海风光秀丽，气候宜人，适于滨海旅游业的发展。

20 世纪 90 年代，山东省开始实施"海上山东"建设战略，依靠科技进步促进海洋开发利用取得长足发展，海洋经济成效斐然。到 21 世纪初，基本形成海洋经济的六个支柱产业，即海洋渔业、海洋交通运输业、海洋油气业、海洋船舶工业、海洋盐业及滨海旅游业。同时，海洋电力和海水利用、海洋化工、海洋药物、海洋工程建筑业等相关产业也初具规模。尤其值得一提的是，我国海水养殖的"鱼、虾、贝、藻、参"五次产业发展，被称为"五次蓝色浪潮"，皆发源于山东，成形于山东，并迅速从山东沿海推向全国推广。

2015 年，山东省海洋经济发展速度快于全省经济，也超过全国海洋经济增速，经济总产值继续位居全国第 2 位。其中海洋渔业、海洋盐业、海洋生物医药业、海洋交通运输业位居全国首位，海洋油气、海洋矿业、海洋化工、海洋工程建筑、滨海旅游等产业也均居于全国前列。

(二)上海市

上海市地处我国南北海岸中心点和长江入海口，东濒东海，南濒杭州湾，是我国经济、交通、科技、工业、金融、会展和航运中心。上海市海域面积约 1 万 km²，海岸线长近 520 km。目前上海市在航运物流、海洋金融服务、现代商贸、旅游会展及信息服务等产业领域都迅速发展。2015 年，上海市海洋生产总值达 6759.7 亿元人民币，同比增长 8.7%，占地区生产总值的 26.9%。

近年来，上海市积极引导海洋产业从黄浦江两岸向长江口、杭州湾沿海地区转移，大力打造以洋山深水港区和长江深水航道为核心，以临港新城、崇明三岛为依托的海洋经济空间发展格局。目前，长兴岛船舶和海洋工程装备制造基地、临港海洋工程装备基地、沿海滨海旅游基地已初具规模，洋山港区和外高桥港区的海洋交通运输业已形成较大规模(图 3-11)。

图 3-11　上海洋山港区

在海洋船舶工业方面，2015 年全市海洋船舶工业实现总产值 673.41 亿元人民币，海洋造船完工量 96 艘、851.19 万 GT。上海市海洋船舶工业发力高端船型，自主设计制造能力不断提高，产品结构不断优化，转型升级取得一定成效。上海振华重工建造的 12 000 t 全回转起重船是自主设计、建造的世界最大起重船；上海船厂是国内唯一有能力建造多缆物探船的船厂。

在滨海旅游业方面，2015 年全市滨海旅游总收入达 3505 亿元人民币，增幅达 73%。上海滨海旅游资源丰富，形式多样，海洋特色景区与邮轮旅游已成为上海滨海旅游的两大增长点。

在海洋交通运输业方面，2015 年全市海洋交通运输业保持平稳增长，全市实现总产值 111.35 亿元，港口货物吞吐量 6.49 亿 t，集装箱吞吐量 3.654 万 TEU，居世界第一。

(三)浙江省

浙江省海域面积近 26 万 km²，海岸线长近 6500 km。浙江省岸长水深，可建万吨级以上泊位的深水岸线近 300 km，占全国的 1/3 以上，10 万吨级以上泊位的深水岸线超过 100 km。

浙江省海域的东海大陆架盆地有着良好的石油和天然气开发前景。浙江省滨海旅游资源丰富，拥有杭州湾、普陀山、桃花岛、嵊泗列岛等众多全国知名滨海旅游景点。浙江省海域曾是我国主要的海洋渔业产区。

基于良好的区位、资源和产业条件，国家从政策上大力支持浙江省海洋开发和海洋经济加快发展。2001 年，浙江省沿海成为中国第二个全国海洋经济发展示范地区，国务院于 2011 年 2 月正式批复《浙江海洋经济发展示范区规划》，浙江海洋经济发展示范区建设上升为国家战略。2013 年，国务院又正式批准设立浙江舟山群岛新区，这是首个以海洋经济为主题的国家级新区。

近年来浙江省海洋经济迅速发展。2018 年，浙江省海洋经济产业生产总值为 7965 亿元，比上年增长 9.8%；近六年年均增长率超 9%，比全省 GDP 年均增长率高出 1 个百分点。海洋经济产业结构比重为 7∶34∶59（其中第一产业 530.4 亿元、第二产业 2727.5 亿元、第三产业 4707.2 亿元），产业结构不断得到优化。海洋经济对全省经济发展的辐射拉动能力不断增大。传统的三大主体海洋产业（海洋捕捞、海洋运输和海洋旅游业）被新的三大主体产业（滨海旅游业、海洋交通运输业和海洋制造船舶业）所取代。

海洋渔业在浙江省海洋产业中的地位逐渐下降。以船舶和海工装备、海水淡化为代表的海洋第二产业则保持连年持续增长，发展态势良好。以滨海旅游业、海洋交通运输业为代表的第三产业发展迅速，成为对浙江海洋产业总产值贡献最大的产业。

(四) 广东省

广东省海域面积近 42 万 km^2，大陆海岸线长 4100 余千米，居全国首位。广东省很早就形成了具有较强竞争力的海洋产业体系，是我国海洋经济第一大省，拥有雄厚的海洋经济实力。2015 年，全省海洋生产总值计 14443.1 亿元人民币，占全省生产总值的 19.8%，连续 21 年位居全国首位。

2015 年，广东全省各类海洋新兴产业示范基地、产业园区有 50 多个。广东省海洋产业集聚发展态势明显，形成了以广州、深圳为核心的海洋医药与生物制品产业集群，形成了以广州、深圳、珠海、中山为核心的海洋装备制造产业带，在粤东、粤西沿海地区分别形成了各具特色和优势的海洋生物育种与海水健康养殖产业集群。

广东海洋渔业转型升级，渔港建设取得重大突破。在全国首创"深蓝渔业"发展模式，积极发展深远海渔业养殖，建成一批深水网箱养殖产业示范园区。船舶工业集聚发展，2015 年全省有规模以上船舶工业企业 91 家，年产值 1 亿元以上的企业 18 家，船舶年制造能力约 650 万 DWT。广州的海洋船舶竞争力不断增强。海洋新兴产业快速发展，通过海洋经济创新发展区域示范专项项目的重点布局和引导，直接推动海洋战略性新兴产业加快发展，海洋经济总量中占比明显提高。广州、深圳已经成为国家生物产业高技术产业基地。

八、海洋经济发展战略

21 世纪是"海洋世纪"，世界沿海国家竞相实施新一轮蓝色海洋开发战略，以实现持续发展。我国是海洋大国，海洋资源丰富，海洋生态类型多样，海洋资源的有效开发与海洋空间的合理规划必将成为国家突破生存发展瓶颈的重要战略选择。因此，积极走向海洋、大力探索海洋、有效管控海洋，是中国发展成为强国的必由之路。建设海洋强国，是中国特色社会主义发展战略的重要组成部分。

2012 年，党的十八大以来，以习近平同志为核心的党中央从实现中华民族伟大复兴的高度出发，提出了一系列着力推进海洋强国建设的新理念、新思想、新战略，并取得举世瞩目的成就。2017 年，在党的十九大报告中，多次强调"一带一路"倡议，建设现代化经济体系。"要以'一带一路'建设为重点，坚持引进来和走出去并重，遵循共商共建共享原则，加强创新能力开放合作，形成陆海内外联动、东西双向互济的开放格局。""赋予自由贸易试验区更大改革自主权，探索建设自由贸易港。"2020 年 11 月，党的十九届五中全会在《中共中央关于制定国民经济和社会发展第十四个五年规划和二○三五年远景目标的建议》中再次指明要"坚持陆海统筹，发展海洋经济，建设海洋强国。"

(一) 科技兴海战略

海洋科技是国家海洋事业发展的强大支撑和不竭动力，开发海洋资源、保护海洋环境、发展海洋经济、维护海洋权益、建设海洋强国，必须依靠海洋科学技术。可以说海洋科技的发展贯穿我国的海洋发展战略。从 1956 年制定《1956—1967 年科学技术发展远景规划》开始，我国海洋科技事业显著缩短了与先进海洋国家的差距，并在某些方面达到国际领先水平，为推动和引领海洋经济发展做出了重要贡献。

20 世纪 90 年代初，在国家实施科教兴国和可持续发展战略的总体背景下，科技兴海的战略设想和行动计划被提了出来。国家科委、国家海洋局、国家计委、农业部等于 1997 年联合发布实施了《"九五"和 2010 年全国科技兴海实施纲要》，提出了"510 工程"。当时的科技兴海更多地着眼于资源开发利用方面，促进了海洋渔业等传统产业的升级改造，海洋经济总量增加迅速。

随着国内外海洋经济形势的发展，科技兴海的内涵逐渐扩展为海洋科技与经济结合的社会化系统工程，是技术创新、管理创新、市场创新、金融创新等有机结合的经济活动过程。中心任务是加快科技成果转化和产业化，促进经济发展方式的转变。具体而言，不仅要"兴"传统海洋产业，更需要"兴"新兴海洋产业，并进一步"兴"海洋经济以及为海洋经济提供支撑、引领、保障服务和管理活动，为海洋经济又好又快发展提供保障，逐步发展到"兴"海洋经济强国。2003年国务院印发的《全国海洋经济发展规划纲要》特别强调了发展海洋经济要坚持科技兴海的原则。此后，我国相继出台了一系列关于海洋科技发展的重要规划。

（二）海洋经济的深度调整

"十三五"期间，随着全球治理体系深刻变革，生产要素在全球范围的重组和流动进一步加快，新一轮科技革命和产业变革在全球范围内孕育兴起，海洋经济发展进入结构深度调整、发展方式加快转变的关键时期。坚持陆海统筹，紧紧抓住"一带一路"建设的重大机遇，为海洋经济在更广范围、更深层次参与国际竞争合作拓展了新空间。

1. "一带一路"倡议

2014年5月21日，习近平总书记在亚信峰会上做主旨发言时指出：中国将同各国一道，加快推进"丝绸之路经济带"和"21世纪海上丝绸之路"建设更加深入参与区域合作进程，推动亚洲发展和安全相互促进、相得益彰。2015年3月28日，经国务院授权，国家发展和改革委员会、外交部、商务部联合发布《推动共建丝绸之路经济带和21世纪海上丝绸之路的愿景与行动》。这份文件明确了"一带一路"遵循开放合作、和谐包容、市场运作和互利共赢四项基本原则，以"五通"，即政策沟通、设施联通、贸易畅通、资金融通、民心相通为主要内容，全方位推进务实合作，打造政治互信、经济融合、文化包容的利益共同体、责任共同体和命运共同体。指出"21世纪海上丝绸之路"的两个重点合作方向分别是从中国沿海港口过南海到印度洋并延伸至欧洲和从中国沿海港口经南到南太平洋。同时明确指出沿海和港澳地区的发展优势：利用长江三角洲、珠江三角洲、台湾海峡西岸、环渤海地区等经济区开放程度高、经济实力强、辐射带动作用大的优势，支持福建建设"21世纪海上丝绸之路核心区"，打造粤港澳大湾区。充分发挥深圳前海、广州南沙、珠海横琴、福建平潭等开放合作区的作用，深化与港澳台合作，推进浙江海洋经济发展示范区、福建海峡蓝色经济试验区和舟山群岛新区建设，加大海南国际旅游岛开发开放。加强大连、烟台、青岛、天津、上海、宁波、舟山、福州、厦门、泉州、广州、深圳、湛江、汕头、海口等沿海城市港口建设，强化上海、广州等国际枢纽机场功能。发挥海外侨胞以及香港、澳门特别行政区的独特优势作用，积极参与和助力"一带一路"建设。

　　2. 生态文明建设

　　2012 年 11 月召开的中国共产党第十八次全国代表大会，把生态文明建设纳入中国特色社会主义事业"五位一体"总体布局，首次把"美丽中国"作为生态文明建设的宏伟目标。新修订的《中华人民共和国环境保护法》已于 2014 年 4 月 24 日经十二届全国人大常委会第八次会议审议通过，并于 2015 年 1 月 1 日起施行，该法第二十九条规定国家在重点生态功能区、生态环境敏感区和脆弱区等区域划定生态保护红线，实行严格保护。在 2015 年 10 月举行的十八届五中全会上，提出"五大发展理念"，将绿色发展作为"十三五"乃至更长时期经济社会发展的一个重要理念，成为党关于生态文明建设、社会主义现代化建设规律性认识的最新成果。

　　2015 年，国家海洋局印发《国家海洋局海洋生态文明建设实施方案（2015—2020年）》（以下简称《方案》），为"十三五"期间海洋生态文明建设明确了路线图和时间表。该《方案》着眼于建立基于生态系统的海洋综合管理体系，坚持"问题导向、需求牵引""陆海统筹、区域联动"的原则，以海洋生态环境保护和资源节约利用为主线，以制度体系和能力建设为重点，以重大项目和工程为抓手，旨在通过 5 年左右的努力，推动海洋生态文明制度体系基本完善，海洋管理保障能力显著提升，生态环境保护和资源节约利用取得重大进展，推动海洋生态文明建设水平在"十三五"期间有较大水平的提高。

九、海洋经济发展趋势

　　我国目前已形成包括海洋渔业、海洋生物制品与医药业、海水综合利用业、船舶与海工装备业、海洋可再生能源业、海洋交通运输业、滨海旅游业等多门类组成的海洋产业经济体系，各海洋产业均长期保持较好发展态势，但由于产业基础条件不一，面临的资源、科技、政策和市场等方面的整体环境不同，导致发展潜力有差别，发展趋势各异。

（一）海洋渔业

　　1. 主要依赖海水养殖带动的海洋渔业将继续增长

　　受海洋渔业资源衰退、作业区域缩小等因素限制，未来我国近海捕捞业增产潜力很小，甚至可能出现负增长。远洋渔业具有一定的发展潜力，但由于全球对渔业资源的开发已经比较充分，可供利用的未开发资源有限，远洋渔业发展面临的困难也比较多。我国是世界海水养殖的第一大国，产量长期保持在世界总产量的70%左右，我国海洋养殖的增长速度也明显高于其他国家。未来我国海洋渔业增产将主要由海水养殖来承担。由于我国近海海水养殖规模和开发强度已经比较大，今后将主要依靠提高生产集约化程度、提高对海域资源的利用效率来实现。

2. 海洋渔业管理力度将增强。

近年来，我国政府不断规范对海洋渔业的管理，建立了科学的海洋业管理体系，渔业管理制度日臻完善。在沿海全面实行了"伏季休渔"，对"三无"渔船(即无船名船号、无船舶证书、无船籍港的渔船)和"三证"(即渔船检验证、渔船登记证、海洋捕捞许可证)不齐的渔船进行清理整顿，严厉查处电、炸、毒鱼违法作业；开展渔业资源增殖放流和人工鱼礁建设；强化了渔业生态环境监测和渔业资源调查工作；加强水生野生动物保护管理，加快自然保护区建设，加大珍稀濒危水生野生动物救护力度；在海水养殖管理中实施了养殖证制度、并对苗种繁育运输、渔药使用和水产品质量、安全等方面加强了管理，促进了渔业的可持续发展(图3-12)。

图3-12　渔政人员在行政执法

3. 海洋渔业结构将进一步优化

长期以来，我国海洋渔业的主要精力一直集中在发展捕捞和养殖方面，对水产品加工、休闲渔业等下游产业发展重视不够。与发达国家相比，我国海洋渔业产业链还比较短，质量也不高。水产品加工比例低，发达国家的水产品加工比例目前已经达到了75%，而我国的加工率不足30%，且高附加值产品比较少，废弃物综合加工利用水平低。我国的渔业休闲产业目前还处于起步阶段，产业规模、层次与美、欧、日等发达国家和地区还存在着非常大的差距。

在"十三五"全面建设小康社会的进程中，国内居民生活水平将进一步提高，膳食结构将进一步优化，休闲娱乐支出在消费中的比重将进一步增大。为适应市场不断增长的需求，今后中国水产品加工规模将不断扩大，水产品精深加工率和综合利用率将进一步提高。涉渔第三产业将进一步发展，通过大力发展渔区第三产业，因地制宜地开发融旅游、观光、休闲于一体的渔区经济，建设以渔港为中心，以批发市场为纽带，以人工鱼礁垂钓为热点，以餐饮、休闲娱乐为补充的资源良好、环境优美的现代化渔区，将全面推动渔业经济的现代化(图3-13)。

图 3-13　舟山海钓

(二) 海洋生物制品与医药业

1. 海洋资源利用将逐步拓展

我国海洋生物资源种类繁多，总数超过 20 000 种，其中具有潜在药用价值的约有 7500 种，但目前做过描述或初步鉴定的仅有 1500 种，进行过初步研究的不到 200 种，且 80% 来自近海。对海洋生物基因资源的研究，还仅限于少数经济动物和模式动物。可以说，我国海洋生物资源尚有巨大研究开发潜力亟待挖掘。围绕促进对海洋生物物种资源和基因资源的高效利用，我国将加强对海洋医药与生物制品用生物资源和基因资源等的全面、深度的研究和开发，从而为海洋生物制品与医药业的发展提供更广泛的物质资源基础。

2. 科技研发与产业化能力显著提升

基于近年来我国不断增强的研发投入和研发条件，中国海洋生物制品与医药研发与产业化能力将逐步提升。在海洋药物方面，将初步构建形成国际认可的候选海洋药物临床前研究技术策略体系与评价数据库，海洋新药的临床疗效、应用安全性以及与其他药物联合使用的临床疗效研究取得较大进展，一些新药产品将获得证书并进入生产阶段。在海洋生物制品方面，海洋生物酶、海洋生物功能材料、海洋绿色农用生物制剂等一批关键技术将得到突破，并顺利实现产业化。

(三)船舶与海工装备业

1. 船舶制造

我国船舶制造业发展迅速,目前已是世界第一造船大国。但与世界船舶制造领先水平相比,我国在高技术船舶设计、船舶配套能力、绿色船舶技术研发等方面还存在较大差距。因此我国将顺应世界船舶制造业发展潮流,加大研发投入,对接和主动参与制定世界船舶制造新标准,加强先进成果转化应用,并广泛开展国内外交流合作,中国船舶制造业将在高技术研发和船型结构升级上发生巨大变革。

2. 海工装备制造

我国海工装备产业布局已初步形成,但产品设计开发能力与国外差距较大,配套市场还被外国企业控制。此外,我国在高端海工装备设计制造领域基本还是空白。

在技术创新的支撑和引领下,我国将加快海洋油气开发装备制造企业技术改造步伐,加大企业兼并重组力度,推动发展一批具备总承包能力和较强国际竞争力的大型总装制造骨干企业,培育一批在工程设计、模块设计制造、设备供应、系统安装调试、技术咨询服务等领域具备较强国际竞争力的专业化中小型企业,形成以环渤海、长江三角洲、珠江三角洲为依托的中国三大海洋油气开发装备制造业集聚区。

(四)滨海旅游业

基于可持续发展理念和旅游体现的多样性需求,我国滨海旅游业未来发展将呈现出以下趋势。

1. 滨海旅游产品趋于多样化

为顺应滨海旅游业发展潮流及满足游客多元化需求,中国滨海旅游业将改变传统的以陆地滨海旅游为主的空间开发模式,代之以滨海陆地与海上旅游协同开发,大力发展海上旅游产品,有效地提升滨海旅游层次。

2. 滨海旅游趋于大众化

为提高滨海旅游地游客规模,实现经济效益规模化,发展大众旅游将成为中国滨海旅游地的共同选择。大众化旅游发展还体现在游客出游的"短平快"特色,即游客外出旅行呈"每年旅游次数增加而每次旅程与目的地减少"的趋势。这不仅增加了普通游客的出游概率,也增加了不同旅游地的游览概率,可以有效地提高滨海旅游地的到访率和旅游设施的利用率。

十、海洋经济发展对策建议

海洋经济发展是由多种要素共同施加作用和影响的结果。我们要紧紧围绕建设"海洋强国"的战略目标，采取有力的措施优化影响海洋经济发展的要素体系，不断优化海洋经济发展的基础条件，推动我国海洋经济的可持续发展。

(一)对接国家战略

"一带一路""海洋强国""创新驱动""生态文明"以及"中国制造2025"等国家层面的倡议与战略，是我国基于当前和今后较长时间国内外经济社会发展态势，进行科学判断提出的拓展发展空间、改善生态环境、实现内涵式发展以及培育国际竞争优势的重大战略举措。这些国家层面的倡议与战略的提出和实施，为中国经济社会发展描绘了崭新的宏伟蓝图，形成了更加清晰的目标导向，同时也为中国海洋经济发展指明了战略方向，提供了更加广阔的空间。将区域发展规划与国家战略对接，将海洋经济发展纳入国家战略运行的轨道中，充分利用国家战略所带来的政策和空间利好，是实现中国海洋经济可持续发展的基本要求。

(二)建设海洋生态文明

1. 加强制度建设与落实

依据《中共中央　国务院关于加快推进生态文明建设的意见》，要加快现有海洋法规的修订和完善，建立与海洋生态文明建设相适应的海洋开发保护政策法规体系。切实落实海洋生态红线制度，严守海洋资源消耗上限、海洋环境质量底线，将海洋开发活动限制在资源环境承载能力之内。科学界定海洋生态保护者与受益者的权利和义务，加快建立海洋生态损害者赔偿、受益者付费、保护者得到合理补偿的制度。严格执行涉海管理制度，坚持依法依规引导、规范和约束各类海洋开发、利用和保护行为。加强海洋开发、利用和保护的法律监督、行政监察，加大查处力度，严厉惩处违法违规行为。

2. 提升科技支撑能力

大力鼓励涉海科教机构和企业加强海洋领域基础研究、技术开发、工程应用和市场服务等方面的科技人才队伍建设，培育优秀创新团队，加强对海洋重大科学问题的研究，积极开展海洋生物资源养护、海洋资源节约循环利用、海洋污染治理、海洋生态修复等领域关键技术攻关，推动建立海洋生态文明建设科技支撑体系。建立国家财政稳定支持机制，落实国家税收优惠政策，深入推进海洋产业领域节能减排，着力发展低碳循环经济，促进海洋资源节约高效利用。

3. 加强近海生物资源养护

实施基于生态系统的中国近海生物资源开发养护综合管理，严格控制近海捕捞、养殖及各类海上开发活动，为近海经济鱼类生境改善、种群恢复和海洋生态系统功能重建提供保障。建立常态化人工放流机制，增加经济鱼类资源的增殖投入，缩短渔业资源恢复周期。推进海洋牧场建设工程，积极引导社会资本投向海洋牧场建设，优化增殖型人工鱼礁海洋牧场基础设施，提高技术和管理水平，加快实现转型升级。

4. 实施海洋生态环境修复工程

实施一批流域污染治理项目，严格控制河流污染物入海总量。优化重点城市排污口设置和污水处理网络布局，升级改造污水处理设施，严格控制入海排污口污水排放，限期整治或搬迁污水直排入海的企业，实现点源污染物排放100%达标。继续实施近海和海岛生态修复工程。严格控制自然海岸线开发利用，严格控制围填海项目，实施破损岸线和沿海滩涂修复工程。

(三) 推动海洋科技创新及其成果转化

1. 打造一支高水平海洋科技创新人才队伍

鼓励涉海科研教育机构围绕国家和地方海洋科技创新与海洋产业发展需求，加速学科结构优化步伐，进一步夯实海洋基础学科优势，重点发展海洋工程技术学科，提高海洋产业技术创新人才培养能力，满足海洋生态文明建设和经济发展对高素质工程技术人才的需求。调整和优化涉海职业技术教育专业设置，创新培养模式，着力培养海洋产业发展急需的实用型、复合型技能人才。

2. 优化海洋科技创新与成果转化平台体系

创新体制机制，加大高端人才引进与基础设施建设力度，加快推动海洋科学与技术国家实验室、国家深潜基地等国家创新平台建设，着力打造世界一流海洋科技创新基地。优化涉海国家实验室、重点实验室、工程实验室、工程研究中心、制造业创新中心布局，构建开放共享互动的创新平台网络，建立面向涉海企业特别是中小企业有效开放的机制。支持涉海龙头企业建设高层次研发平台，提升承担产业竞争技术和应用基础研究项目的能力。

3. 加强海洋科技国内外合作与交流空间

依托涉海科教机构深化与全球著名涉海科教机构在海洋科技领域的合作交流，推动国际海洋创新联盟建设，推进海洋科技创新国际化、海洋科技成果跨国转移和海洋科技人才交流。鼓励涉海企业根据自身特点和优势，与国内外相关科教机构和企业开展多种形式的产学研合作，整合利用外部研发优势和高端人力资本，提升自身技术创新能力。大力鼓励有经济实力和技术优势的涉海企业"走出去"，在国外设立研究开发机构或产业化基地，支持合作建设海外科技园、企业孵化器等科技成果转化载体。

4. 营造良好的创新创业环境

实施"大众创业、万众创新"工程，建立海洋领域"创新创业"基金，营造众创生态，落实创业扶持政策，增强大众创业动力，提高大众创业能力，形成千军万马兴创业的氛围。培育涉海创客群体，鼓励以创意或技术创新为起创点，以市场为动力，以政策为保障，积极发扬创新创业精神，努力实现创新性创业梦想。营造创新创业文化环境，加强对大众创新创业的新闻宣传和舆论引导，积极倡导敢为人先、允许失败的创新文化，树立崇尚创新、创业致富的价值导向，培育企业家精神和创客文化，将奇思妙想、创新创意转化为实实在在的创业活动。

（四）拓展海洋领域开发利用空间

1. 实现海洋资源利用空间由近海向深远海转变

针对我国近海目前面临的生态环境恶化、渔业资源枯竭、油气资源开发过于集中、旅游港口资源开发不充分等现实困局，今后工作的重点应是加强近海生态环境修复和保护，严控养殖区扩张、围填海建设项目，统筹管控流域污染、产业污染，减少人为因素对海洋生态环境的干扰和破坏、加快实现近海生态环境的有效改善。要在有序推进对滨海旅游、深港、深水养殖空间等资源的开发利用和合理布局海洋产业的基础上，将海洋空间开发利用的重点向南海和极地及公海转移，促进对深海大洋和极地渔业、油气、矿产等战略资源的开发利用。要大力发展深海生物资源、深海油气资源开发利用技术装备，要加强海军保障能力建设，为深远海开发提供有力的科技与军事保障能力支撑。

2. 构建多层次国内外合作网络

立足全球视野，借助"一带一路"倡议实施契机，积极拓宽国内外合作空间，构建多层次合作网络。加强与欧美发达国家间的合作，基于资源、产业、科技、人才等方面的相仿特征和优势差异，按照优势互补、互惠互利、合作共赢原则，加强对对方优势资源的吸收和利用。积极开拓亚、非、南美、俄罗斯等区域合作盲点空间，通过国家间经贸协议和友好关系，发挥在海水产品加工、海洋生物制品、船舶与海工装备、海洋工程建筑等产业领域的优势，促进区域产能、人才、技术和资本对接，加快培育发展新市场领域。

(五)发展壮大海洋产业

1. 引导海洋产业集聚发展

完善海洋产业集群发展空间载体，实现海洋产业优化布局。高标准建设涉海产业园区，以理念革新、科学管理和科技创新促进园区绿色循环低碳发展，创建生态工业示范园区、循环化改造示范试点园区等绿色涉海产业园区。加强涉海产业园区支撑服务体系建设，落实财税优惠政策，完善基础设施，创新融投资机制，提高信息化水平，鼓励科技创新服务平台、创业服务中心、教育培训机构、信息服务中心等向园区延伸，完善创新创业服务体系，提升服务能力。依据专业化、特色化和集群化的发展思路，引导相关涉海企业依托特色产业园区集聚发展。

2. 培育发展涉海龙头企业

落实国家扶持龙头企业发展的各项优惠政策，支持企业开展产学研协同创新延长产业链，加快培育集群中关联度高、主业突出、创新能力强、带动性强的涉海龙头企业。鼓励涉海龙头企业提高国际化经营水平，支持港口水产品加工等产业领域的涉海龙头企业"走出去"，积极参与国际市场竞争，成长为有能力在全球范围配置要素资源、布局市场网络的大企业，完善"走出去"企业风险防范机制。鼓励涉海龙头企业按照国际标准组织生产和质量检验，加快提升产品质量，培育形成具有自主知识产权的名牌产品，不断提升企业品牌价值，加大品牌推广力度，完善售后服务体系，积极拓宽国内外市场空间。

专题四　海洋交通

海洋交通（marine transportation）从狭义来说，是指海洋区域内船舶运动的组合与船舶行为的总体。随着交通事业的迅速发展，海洋交通的方式发生了巨大的改变，出现了更多新型的海洋交通工具和运输方法。

在人类漫长的历史发展过程中，海洋曾经是先民们开疆拓土的障碍，却终未能阻碍人类探索大洋彼岸未知世界。现在，人类可以通过海洋交通工具，跨越重洋，直达远方。

本专题主要介绍海洋交通的概述、发展简史和展望，包括各种海洋交通工具及相关的设施设备，如航道和码头建设、跨海大桥、海底隧道等。对海洋交通安全管理也进行专门阐述。

学习目标：了解海洋交通相关知识；熟悉海洋交通发展状况、趋势及意义；熟悉海洋交通安全相关管理规定，并能在海洋交通中保护自己的安全。能爱护海洋交通设施设备，用文明书写自己的"航海日志"。

一、海洋交通概述

海洋交通(marine transportation)从狭义的意义上理解，是指海洋区域内船舶运动的组合与船舶行为的总体。随着海洋交通事业的迅速发展，海洋交通的方式发生了巨大的改变，出现了更多新型的海洋交通工具和运输方法。

(一) 海洋交通工具

海洋上最重要的交通工具是船，最早的船具体产生的时间已无从考证，从史前时期的原始木筏和小船，到今天的高科技船舶，船经历了几千年的漫长演变。

1. 早期的船

"古者观落叶因以为舟"。古人很早就认识到某些形态的物体可以在水上漂浮，自然漂浮物成为人们创造舟船工具的最早的启发。接着一些勇敢的人开始尝试抱着一根树干在水上漂流，从此树干就成了人们渡河的主要工具。但是，树干是圆形的，在水中容易翻滚，人在上面坐立不稳，甚至会掉到水中。在不断的探索中，古人创制了最早的水上交通工具——筏子["桴"(fú)、"泭"(fú)，或"箄"(pái)]。这是一种用草绳将树干或竹子并排绑在一起的扁平状物体，这样圆木就不会翻滚，人们也可以在上面小范围活动。

木筏的出现极大拓展了人类在海上的活动范围，但是用来绑木筏的草绳会逐渐被腐蚀。于是人们开始探索新的水上工具。随着工具的出现，人们开始运用石制利器等工具对整根圆木进行加工。人们发现圆木中间挖得越多，所能装载的人和东西也越多，于是便将树干掏空，使圆木中间的凹槽越来越大，逐渐形成了独木舟的初始形态。在驾驶独木舟的过程中，人们发现将独木舟的头部做成尖头状可以减小水带来的阻力，于是两头尖尖的独木舟出现了。后来经过不断改进，形成了最早的船只——独木舟(图4-1)。独木舟的优点在于由一根树干制成，制作简单，不易有漏水也不会有散架的风险。

独木舟的出现，是人类历史上的一件大事。有了独木舟，人类的活动范围扩大了，从此可以跨江渡海，去开拓新的天地。目前全世界已出土各种独木舟超过100只，其中最早的独木舟距今约1万年，最晚的独木舟也有上千年的历史。我国是世界上最早制造出独木舟的国家之一，浙江萧山跨湖桥出土的独木舟距今约8000年，现保存于中国航海博物馆。

图 4-1　独木舟

人们对船舶在不同的历史发展时期有不同的称谓，独木舟具备了容器形态，并且有干舷，可以称之为"舟船"，继独木舟后又出现了木板船。公元前 3000 多年前，古埃及人就会造木板船了。早期埃及的木板船是为尼罗河上的运输而建造的。船的首尾高高翘起，适合于靠岸或者在浅滩多的河流上航行。船的特点是容量大、吃水浅、不易搁浅。再后来，人们开始在船上安装了许多船桨，以此来为船只提供动力，使其不用随波逐流。桨的出现，极大地提升了航行的安全性。据《周易·系辞下》记载："伏羲氏刳（kū）木为舟，剡（yǎn）木为楫，舟楫之利，以济不通。"即是指古人制桨的方法，"剡"的意思是削，削木头做成桨，以使舟在水中行进。在舵出现以前，桨还有控制方向的作用。独木舟与桨相配合，人们就能在水面上活动。直到今天，有些地方的人们仍在制造、使用独木舟和木板船，并在航海和经济发展中发挥着重要的作用。

2. 船的发展

在科技发展和财富渴望的驱使下，人类开始了远洋探险。探险家们尝试给船装上高大的桅杆，桅杆上挂着大面积的帆布，使它能最大限度地利用海上的风能推动船前进，这就是继筏、舟之后的另一种水上交通工具——帆船。帆船速度更快、船身更大、更坚固，人们在上面的活动范围进一步增加。15 世纪初期，我国明代航海家郑和率领庞大船队 7 次出海，到达亚洲和非洲三十多个国家，所使用都为风力驱动的帆船（图 4-2）。

图 4-2　郑和宝船模型

到 19 世纪初期，人类社会进入工业时代。英国人瓦特经过多年研究，广泛吸取前人的经验，发明了蒸汽机，并投入使用。美国发明家富尔顿用明轮代替船桨，用蒸汽机驱动船只，建造了世界上第一艘采用明轮推进的蒸汽机船"克莱蒙脱"号，并于 1807 年在纽约哈德逊河上试航成功（图 4-3）。"克莱蒙脱"号时速约为 8 km/h，成为轮船的雏形。用明轮推进是当时蒸汽船采用的主要推进方式，这一时期的蒸汽船外观上主要有两大特征，一是冒着滚滚黑烟的烟囱，二是船的中部有两个巨大的明轮推进器。"轮船"也因此得名。

图 4-3　"克莱蒙脱"号蒸汽机船

明轮推进器是船舶的一种推进工具，外形如车轮，且一部分露出水面，因而得名。与桨、橹等推进工具相比，利用明轮转动带动叶轮拨水来驱动船舶前进显然方便了很多。但是，很快人们发现它结构笨重、效率低、易损坏，在大风浪中不易保持一定的航向和航速的缺点。1835 年，英国人史密斯造了一艘装有螺旋桨的船舶模型，引起了造船专家的注意。经研究发现，螺旋桨作为船的推进器明显比明轮力量大。1839 年，第一艘装有螺旋桨推进器的蒸汽机船"阿基米德"号问世，主机功率为 58.8 kW。这种推进器充分显示出它的优越性，因而被迅速推广。于是明轮推进器逐渐被淘汰。但为了称呼方便，安装螺旋桨的大型船只还是叫轮船。

3. 现代船舶

随着科学技术的发展，现代的轮船已经不再用帆来辅助航行，柴油发动机取代了烧煤的蒸汽机。这是船舶发展史上一个重要里程碑。1879 年，世界上第一艘铁皮船的问世，开启了以铁皮船为主的时代。船舶在水中的行进也由 19 世纪的依靠人力、畜力和风力发展到使用机器驱动。1902—1903 年在法国建造了一艘能穿越海峡的柴油机小船；1903 年，俄国建造的柴油机船"万达尔"号下水，船舶开始向大型化、现代化发展（图 4-4）。20 世纪中叶，柴油机动力装置逐渐成为运输船舶的主要动力装置（图 4-5）。现代的轮船不仅装上了高效的柴油发动机，还配备有雷达、声呐、无线电等先进设备，使远洋航行变得更加安全。

图 4-4　现代轮船

图 4-5　柴油发动机

进入 20 世纪，科技的发展极大促进了各类船舶的研发。军用的潜艇、舰艇、航空母舰；民用的邮轮、快艇、大型集装货轮等纷纷问世。

(二)海洋交通运输

海洋交通运输，就是使用船舶通过海上航道，在不同国家和地区的港口之间运送货物的一种方式，包括远洋和沿海旅客运输、远洋和沿海货物运输、水上运输辅助活动、管道运输业、装卸搬运及其他运输服务等活动。海洋交通运输是一个国家整个交通运输网络的重要组成部分，它具有连续性强、费用低的优点。其特点有以下几个。

(1)通过能力强。由于借助天然航道进行，交通运输不受道路、轨道的限制。随着政治、经贸环境以及自然条件的变化，还可以随时调整或改变航线完成各项运输任务。

(2)载运量大。随着国际航运业的发展，现代化的造船技术日益精湛，船舶日趋大型化，超巨型油轮已达 60 多万吨，第五代集装箱船的载箱能力已超过 5000 TEU (图 4-6)。

图 4-6　远洋货轮

（3）运费低廉，海上运输航道为天然形成，港口设施一般为政府所建，经营海运业务的公司可以大量节省用于基础设施的投资。船舶运载量大、使用时间长、运输里程远，单位运输成本较低，为低值大宗货物的运输提供了有利条件。

因此，海洋交通运输是国际货物运输中使用最广泛的一种方式。目前，海运货运量占国际贸易总运量 2/3 以上，我国进出口货运总量 95% 以上都是通过海洋运输进行的。由于集装箱运输的兴起和发展，不仅使货物运输向集合化、合理化方向发展，而且节省了货物包装用料和运杂费，减少了货损、货差，保证了运输质量，缩短了运输时间，降低了运输成本。目前，世界各国特别是沿海的发展中国家都十分重视建立自己的远洋船队，注重发展海洋货物运输。在一些航运发达国家，远洋航运业已成为这些国家国民经济的重要支柱之一。

当然，海洋运输也有明显的不足之处，主要易受自然条件、地理条件和气候的影响，航期不易确定，遇险的可能性也较大。

（三）海洋交通发展变化

随着科学技术的迅猛发展，人类探索海洋、研究海洋的能力不断提高。海洋交通发展变化记录着人类认识海洋、征服海洋、利用海洋的前进步履。

1. 运输方式多元化

船的出现使人们可以从一个地方跨越海洋到达另一个地方。为了航行安全，港口逐渐形成。随着人们交通的需要逐渐增加，逐步有了跨海大桥、海底隧道等交通设施，汽车、火车等这些陆地上常见的交通工具也能通过桥或隧道到达彼岸。

2. 运输速度更快

船舶在海洋交通运输中虽然具有运载量大、成本低、运行距离长的优点，但存在着运输速度慢、安全性低的问题。因此，为了加快运输速度，借助跨海大桥、海底隧道这样的交通设施设备，汽车的通过率大大提高、速度也大大提升。比如，人们由舟山到达宁波，原本通过汽车轮渡需要约 4 h，舟山跨海大桥通车以后汽车只需 2 h 左右就可以到达宁波，时间节省一半。类似这样的交通运输方式的改进，既促进了两地经济的发展，也方便了人们的生活。

3. 海洋交通设施设备更先进

为了改善基础设施，提高海洋交通运输的货运量、安全性与行驶速度，人们建造了大型的集装箱码头，如宁波舟山港目前拥有 10 万吨级及以上集装箱船泊位 30 余个。同时还配备了卫星导航系统、可以随时定位。

4. 海洋交通功能更齐全

为了拓展海洋领域，研究并利用海洋资源，人们开发、建造了不同用途的船舶来满足不同的需求，比如科考船、破冰船、载人潜水器等。进一步拓展了人们认识海洋的领域，加快了认识海洋的步伐，使海洋交通的意义更大地扩展到了解海洋、利用海洋的更深层次的研究中。

二、常规海洋交通工具

船舶是人类最伟大的发明之一，也是历史悠久的交通运输工具，它的发明是人类走向文明的一大重要转折点。船舶按动力性质，一般可分为非机动船和机动船。

(一) 非机动船

人类早期的船是没有机动结构的，主要靠人力或风力推动前进。由于这类船具有便捷、灵活、富有传统文化色彩等特点，有些地方至今仍在使用非机动船。

1. 舢板

舢板又名舢舨(图 4-7)，"舨"为通假字，通"板"。这是一种小船，也叫"三板"。原意是用三块板制成，即一块底板和两块舷板，后发展成一种结构简单的小型木板船。船的底部甲板上设置木制隔板，起到防水作用。人们将船体分成一系列的防水隔间，用于装运货物。如果船只遭到破坏，这些隔间能够阻止海水涌入船体。舢板上的船舵通常比较大，悬挂于艉部下方，并能通过铰链进行提升和下放。在浅水中将舵叶升起一点，船员使用短舵航行；进入深水区时可使用长舵，则将舵叶放下一点。艉部通常为四方形，隔板上可搭建小舱，通常是船员起居生活的地方。

图 4-7　舢板船

人们常在舢板外舷上绘制一些传统图案，如一对画在艏部的"眼睛"。水手们相信这些传统的图案会给他们带来幸运、财富和平安。最常见的颜色是红色，根据中国传统文化，红色能辟邪。因船的用途不同，所绘制的"眼睛"也是不同的，渔船的"眼睛"向下望着鱼群，而商船的"眼睛"是望着前方。

除民用外，舢板亦作军用船，明清水师中均有舢板编制，有的还安装火炮。《清会要事例》卷九三八"工部船政"记载："每舢板十只为一营，舢板炮船二十只为一营"。一般较小，民用舢板常乘坐 2~3 人，军用则为 10 人左右。

2. 帆船

帆船（sailboat）是继舟、筏之后出现的另一种古老的水上交通工具，已有 5000 多年的历史。它主要靠帆具借助风力航行，无风时用桨、橹和篙作为推进、靠泊与启航的手段。除了帆产生推力以外，还有一个重要因素就是船底呈流线型，船浸入水中部分的横向截面积远大于纵向截面积，但船在水里前进时所受的阻力要比船横向移动所受的阻力小许多，推船前进效果就相当显著。

帆船的种类，按船桅数可分为单桅帆船、双桅帆船和多桅帆船；按船型划分有平底帆船和尖底帆船两种；按艏部形状分为宽头、窄头和尖头帆船。我国古代使用过的帆船有平底的沙船、尖底的福船、广船和快速小船、鸟船以及大型战船、楼船和运粮的漕船等。

我国帆船代表是舟山"绿眉毛"（图 4-8）。"绿眉毛"有 4 张大小不一的古铜色布帆，船头像一只漂亮的鸟头，眼睛上方涂有绿色，"绿眉毛"的名称由此而来。"绿眉毛"是我国鸟船系列中的优秀船型，并与沙船、福船、广船一起，并称中国古代"四大名船"。2003 年 8 月，"绿眉毛"号进行环舟山群岛试航；2004 年 4 月 29 日，它由朱家尖蜈蚣码头启航，5 月底回舟山休整。

图 4-8 "绿眉毛"复原船

帆船重新受宠是由于它利用的是无污染的风能，这在全球海洋遭受石油严重污染、燃油价格飞涨的今天无疑是很重要的。虽然风可直接成为现代商用帆船的推动力，但需要解决的问题很多。首先，要选择合理的航线，通过的水域必须有均匀而强劲的顺风；其次，要解决无风时的动力问题。目前，比较成熟的解决方案就是在有风时，利用风力为蓄电池充电，而后向辅助电机供电。

帆船运动因其具有较高的观赏性，备受人们喜爱（图4-9）。现代帆船运动已经成为世界沿海国家和地区最为普及而喜闻乐见的体育活动之一，也是各国人民进行体育文化交流的重要内容。经常从事帆船运动，能增强体质，锻炼意志。特别是在情况变幻莫测的海面上，运动员迎风斗浪，奋勇争光，充分体现人类战胜自然、挑战自我的拼搏精神。

图4-9 现代帆船

（二）机动船

1. 柴油机船

船用柴油机的热效率高、经济性好、启动容易、具有广泛适用性。至20世纪50年代，在新建造的船舶中，柴油机几乎完全取代了蒸汽机。船用柴油机已是民用船舶、中小型舰艇和常规潜艇的主要动力装备。船用柴油机按其在船舶中的作用可分为主机和辅机。主机用作船舶的推进动力，辅机用来带动发电机、空气压缩机或水泵等。船用主机大部分时间是在满负荷情况下工作，有时在变负荷情况下运转。船舶经常在颠簸中航行，所以船用柴油机应能在纵倾15°~25°和横倾15°~35°的条件下正常工作。船用柴油机一般分为高速、中速和低速柴油机（图4-10、图4-11）。

2. 燃气轮机船

船用燃气轮机，亦称"舰船用燃气轮机"，是用来驱动船舶推进装置（螺旋桨）的燃气轮机，是现代舰船上的一种重要的动力装置。它是将空气先经压缩机加压，然后进入燃烧室。燃油在燃烧室燃烧，产生高温燃气，再进入涡轮机，冲击涡轮机上的叶片，使涡轮机高速转动，带动推进装置工作(图4-12)。燃气轮机不需要锅炉，质量小、体积小、功率大，可作为大型舰船的主机。与船用柴油机或汽轮机机组相比，燃气轮具有节省机舱面积，启动快的优势，可大幅提高舰船机动性，且维护简单，所需运行人员较少。目前，船用燃气轮机普遍采用"箱装体"结构，底座等都封装于一箱体之中。采用箱装体的目的是隔声、隔热，便于单独通风，并具有抗核污染、抗生物和化学污染能力，可降低机舱内的噪声和温度，且便于调换机组(图4-13)。

图4-10　柴油机船

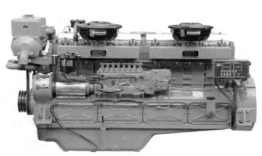

图4-11　船用柴油机

图4-12　燃气轮机船舶

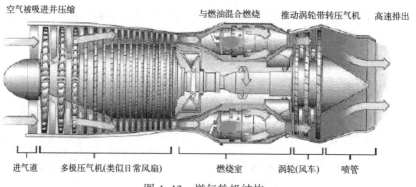

图4-13　燃气轮机结构

3. 电力推进船

电力推进船是指以电力为动力推进的现代船舶，电力来自蓄电池或船用发电机(图4-14、图4-15)。在现代舰船中，也有一定比例采用电力推进。其优势是：更经济节能，就全电推进战舰而言，据美海军估计，在航行时运行费用可节约36%～38%；运行灵活，能较容易地进行动态制动、倒车和适应海况变化，消除负载瞬态；可以适应未来军舰上配备的高脉冲功率武器，如电磁炮、高能激光武器等。20世纪70年代以前，主要采用直流电力推进系统，因为直流电机转速调整范围广且平滑，过载启动和制动转矩大，逆转运行性能出色；而交流电动机尽管具有输出功率大、极限转速高、结构简单、成本低、体积小、运行可靠等优点，但限于当时的技术限制，调速困难，应用较少。随着现代控制理论和数字控制、直接转矩控制、矢量控制等电力电子技术的发展，交流调速系统的性能已有较大提高。交流电力推进系统的应用，已经成为船舶电力推进发展的主流，呈现出蓬勃发展的态势。水面船只，交流电力推进占主导地位，所选用的交流电动机，交流异步电机、交流同步电机、永磁同步电机等并存。目前只有潜艇仍以采用直流推进为主。

图4-14　电力推进船

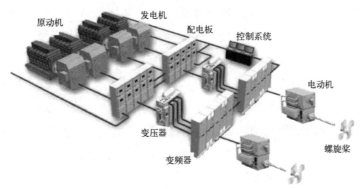

图4-15　电力推进船的工作原理

（三）船的其他分类

船舶是水上运输和工程作业的主要工具，其种类繁多、数目庞大。按用途分，可以简单地分为民用船和军用船（在本书不进行介绍）。民用船中可以分为以下几类。

（1）运输船。包括客船、客货船、货船（杂货船、散货船、集装箱船、滚装船、载驳船、油船、液化气体船、冷藏船、矿石船、木材船等）、渡船、驳船、半潜船等。

（2）工程船。包括挖泥船、起重船、浮船坞、救捞船、布设船（布缆船、敷管船等）、打桩船、破冰船等。

（3）渔业船。包括网类渔船（拖网渔船、围网渔船、刺网渔船等）、垂钓类渔船、捕鲸船、渔业加工船、渔业调查船、冷藏运输船等。

（4）港务船。包括破冰船、引航船、消防船、供应船、交通船、工作船（测量船、航标船等）、浮油回收船等。

（5）海洋开发船。包括海洋调查船、科考船、深潜器（艇）、钻井船、钻井平台等。

（6）拖船和推船。海洋拖船、港作拖船、内河拖船、海洋拖船、内河拖船等。

（7）高速船艇。包括水翼艇（划水式水翼艇、全浸式水翼艇）、气垫船（全浮式气垫船、侧壁式气垫船）、冲翼艇、半潜式小水面艇、穿浪船等。

三、新型海洋交通工具

随着科学技术的快速发展与进步，海洋上还出现了造型奇特、功能多样、快速便捷、服务设施更齐备的交通工具。

（一）气垫船

气垫船又叫"腾空船"。气垫是持续不断供应的高压气体形成的，利用大功率风扇向船体底部快速压入大量空气，使船体底部与水面之间形成压力很大的气团，将船体部分甚至全部托离水面（图4-16）。这样就犹如在船体与水面之间加入了一个流动的气垫，减小了水对船体的阻力，从而使船可以在水面上高速行驶，甚至在地势平缓的海滩可以进行登陆作业。气垫船的前进动力一般也是靠船身上的风扇向后吹动空气获得，犹如早期飞机上使用的螺旋桨动力装置那样（图4-17）。气垫船船身一般用铝合金、玻璃钢制造；动力装置采用航空发动机、高速柴油机或燃气轮机；船底围裙用高强度尼龙橡胶布制成，磨损后可以更换。

气垫船主要用于水上航行和冰上行驶，具有航速快，声场、磁场、压力场小，隐蔽性好，适应性强等特性，可用于高速客船、交通艇、货船和渡船，尤其适合在拥有急流、险滩和沼泽地的内河上使用。但也存在一些不足，主要是航程较短、耗油量大、经济效益较低等。

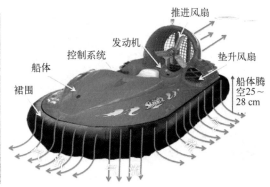

图 4-16　气垫船　　　　　　　　图 4-17　气垫船原理和优点

目前，世界各地的救援服务机构都认为：气垫船能够在水、薄冰或碎冰块、洪水和积雪上行驶，迅速展开搜索和救援行动，是可以在沼泽地或海滩等特殊环境下唯一高速、有效的救援工作平台。在配备有各种消防和救生设备后，救援气垫船几乎可以在任何紧急情况下出动。目前，使用救援气垫船的机场有：新加坡樟宜国际机场、美国奥克兰国际机场、英国邓迪机场、爱尔兰香农机场。为了能够将医疗器械和用品运送至一些最偏远和交通不便的待救援村落，气垫船可以说是唯一的解决办法。气垫船可以提供清洁、安全和宽敞的小房间，可以设置成套的最新医疗设备来满足诊疗要求，以形成理想的流动医疗诊所。在苏丹的联合国世界粮食计划署工作人员，面对湖泊和泥滩的地况就是通过使用气垫船执行难民救援行动。

从 20 世纪 50 年代后期起，我国即着手气垫技术的应用研究以及气垫船的开发。60多年来，在气垫技术方面，通过原理研究、模型试验、中间试验和试用，我国技术人员已基本掌握了全垫升式和侧壁式气垫船技术，进入实用化型号的研制和应用阶段。气垫技术的开发和应用，可以满足军民特种需要，为船舶在特定环境(如浅水急流、江河上游险滩、浅海滩涂和冰雪地区)的航行以及登陆等创造了条件。

(二) 水上飞机

水上飞机是指能在水面上起飞、降落和停泊的现代科技飞机，简称水机(图 4-18)。世界上第一架水机，是由法国著名的飞行家和飞机设计师瓦赞兄弟制造的。这是一架箱形风筝式滑翔机，机身下装有浮筒。1905 年 6 月 6 日，这架滑翔机由汽艇在塞纳河上拖引着升空。栖力类型有水栖型水上飞机和水陆两栖飞机两种。水栖又分为飞艇和浮筒飞机。例如，我国1976年首飞的"水轰5"水上飞机只能在水上起降，然后像鳄鱼一样爬回岸上基地，其继任者——2016年总装下线的"蛟龙-600"则属于水陆两栖飞机（图4-19）。

图4-18　水上飞机在水面行驶　　　　图4-19　我国的"蛟龙-600"水上飞机

　　水上飞机能适应水上、空中两种不同环境，和它特殊的设计分不开。说它是飞机，其机身是斧刃形的庞大船体，停泊在水上时，宽大船体所产生的浮力，使飞机浮在水面上不会下沉；说它是船，却像飞机一样有机身、机翼、尾翼、螺旋桨以及起落架。需要起飞时，螺旋桨发动机产生的拉力，牵引着飞机在水面上快速滑行。伴随着速度的不断增加，机翼产生的升力慢慢克服了飞机自身的重力最终飞离水面。这一特点，使它成为真正的"全能选手"。

　　水上飞机在军事上用于侦察、反潜和救援活动；在民用方面可用于运输、森林消防等。水上飞机的主要优点是可在开阔的河、湖、江、海水面上使用，安全性好，地面辅助设施较经济，飞机吨位不受限制，飞行高度为600~800 m，可填补低空立体交通空白；主要缺点则是受船体形状限制不适于高速飞行，机身质量大，抗浪性要求高，维修不便和制造成本高。目前，水上飞机主要用于海上巡逻、反潜、救援和体育运动、旅游、通勤、航拍等。

　　"蛟龙-600"在军事上又称"鲲龙-600"（AG 600），是我国自行设计研制的水陆两用大飞机。在我国大飞机领域，"蛟龙-600""C919""运-20"被称为"大飞机三侠客"。而"蛟龙-600"实际上更像是一艘会飞的船，它是在"水轰-5"的基础上研制并改进的综合救援飞机，主要用于救援、森林灭火、运输物资、提供后勤保障等。"蛟龙-600"最大航程为4500 km，续航能力12 h，巡航速度为500 km/h，可适应80%的海况，为目前全球最大水陆两用飞机之一。"蛟龙-600"采用三人机组、双人驾驶、配一名机械师。2018年10月20日09时05分，"蛟龙-600"在湖北荆门漳河机场成功实现水上首飞起降。2020年7月26日，"蛟龙-600"在山东青岛附近海域，成功实现海上首飞。未来，"蛟龙-600"还将执行海上维权、反潜、反舰、救援和物资运输等任务，成为中国维护海洋权益的又一大国重器。

(三) 载人潜水器

载人潜水器是指具有水下观察和作业能力的潜水装置，主要用于执行水下考察、海底勘探、海底开发和打捞、救生等任务，还可以作为潜水工作人员水下活动的作业基地。特别是深海载人潜水器，是海洋开发的前沿与制高点之一，其水平可以体现出一个国家材料、控制、海洋学等领域的综合科技实力。深海潜水器不是完全自主运行的，必须依靠母船补充能量和氧气。每次海试结束后，深海潜水器都会被收回到母船上，而不是在海中独立行驶，深海潜水器体积小，航程较短。目前，只有美、法、俄、日和我国掌握 6000 m 以上级载人潜水器的研发与制造技术。

(1)美国的"阿尔文"号载人潜水器(图 4-20)。美国是较早开展载人深潜的国家之一，1964 年建造的"阿尔文"号载人潜水器是其代表作，可以下潜到 4500 m 的深海。1985 年，正是"阿尔文"号找到"泰坦尼克"号沉船的残骸。如今，"阿尔文"号已经进行过近 5000 次下潜，是当今世界上下潜次数最多的载人潜水器。

(2)法国的"鹦鹉螺"号载人潜水器(图 4-21)。法国于 1985 年开发的"鹦鹉螺"号潜水器最大下潜深度可达 6000 m，累计下潜 1500 多次，完成过多金属结核区域、深海海底生态调查以及沉船、有害废料搜索等任务。

图 4-20　美国"阿尔文"号载人潜水器　　　　图 4-21　法国"鹦鹉螺"号载人潜水器

(3)俄罗斯的"和平一号""和平二号"载人潜水器。俄罗斯是目前世界上拥有载人潜水器最多的国家，比较著名的是 1987 年建成的"和平一号"(图 4-22)和"和平二号"两艘 6000 m 级潜水器。带有 12 套检测深海环境参数和海底地貌设备，最大的特点就是待机时间长，它可以在水下作业 17~20 h。电影《泰坦尼克号》中，很多镜头就是"和平一号"和"和平二号"探测时拍摄的资料。

(4)日本的"深海 6500"号深潜器。日本于 1989 年建成了下潜深度为 6500 m 的"深海 6500"潜水器，水下作业时间 8 h，曾下潜到 6527 m 深的海底，创造了当时载人潜水器深潜的纪录(图 4-23)。它对 6500 m 深的海洋斜坡和大断层进行了调查，并对地震、海啸等进行了研究，并执行超过 1000 多次下潜作业。

图 4-22　俄罗斯"和平一号"载人潜水器

图 4-23　日本"深海 6500"号深潜器

　　(5)除了前面介绍的"蛟龙"号载人深潜器，我国载人深潜事业在 2020 年又迎来一个新突破——"奋斗者"号(图 4-24)。"奋斗者"号在研制队伍上与"蛟龙"号、"深海勇士"号可谓一脉相承。2020 年 6 月 19 日，我国万米载人潜水器正式获此命名。

图 4-24　中国"奋斗者"号载人潜水器

　　2020 年 10 月 27 日，"奋斗者"号在马里亚纳海沟成功下潜到 10 058 m，创造了我国载人深潜的纪录；11 月 10 日，"奋斗者"号在马里亚纳海沟成功坐底，坐底深度达 10 909 m，再次刷新纪录。

　　2015 年 4 月 18 日，国内首艘万米级深渊调查科考船"张謇"号建设项目正式启动，建成后将成为我国 11 000 m 载人深潜器"彩虹鱼"号及其系列产品的科考母船。"张謇"号项目首次将载人潜水器母船、远洋科学综合考察、深海工程作业支持三个功能有机地结合在一起，承担深渊科学调查研究任务。此外，还将开展一般性海洋科学调查研究以及各类深海工程作业，并兼具海洋事故的救援和打捞、水下考古和电影拍摄、深海探险与观光等功能。

(四) 核动力船

核动力船是以核能发动机作为动力装置推动汽轮机或燃气轮机工作的船，目前主要有核动力航母 (图 4-25) 和核动力舰艇 (图 4-26) 两种类型。其工作原理是：核反应堆将核能转化为热能，再利用冷却剂将热能输出堆芯，冷却剂携带的热量通过蒸汽发生器传递给二回路工质，工质受热形成蒸汽，蒸汽进入涡轮做功，带动螺旋桨转动。优点是：核动力装置使核潜艇能在水下长期连续航行，具有较强的隐蔽性；续航力不受限制；装有多个反应堆，强大的动力使得这些庞然大物能以 20~50 kn 的高航速航行。1954 年，美国第一艘核动力潜艇"鹦鹉螺"号正式下水，它在服役的最初两年内，一共航行了 62 000 nmile 而无须添加燃料。

图 4-25　核动力航空母舰

图 4-26　核动力巡洋舰

拥有核动力航空母舰，能使一个国家的军事力量可以在远离其国土的地方、不依靠当地机场情况下，对别国施加军事压力甚至进行作战。目前，全世界公开宣称拥有核潜艇的国家分别为：美国、俄罗斯、英国、法国、中国、印度。世界上第一艘核动力潜艇"鹦鹉螺"号于 1954 年 1 月 21 日正式下水，1 月 24 日首次开始试航，宣告核动力潜艇的诞生；世界上第一艘核动力航空母舰"企业"号于 1961 年 12 月在美国建成服役于美国海军。目前，对于民用船舶来说，核动力主要用在破冰船和商船上。1960 年苏联在破冰船"列宁"号上采用核动力装置，功率 32 340 kW。同年，美国核动力商船"萨瓦纳"号下水，功率为 14 700 kW。此后，联邦德国和日本也分别建造了核动力商船。"北极"号 (Arktika) 是世界上最大的核动力破冰船，于 1975 年在苏联投入使用，船长 134 m，宽 30 m，排水量 23 000 t，安装 2 座反应堆，可在北极圈内深水海域使用，破冰厚度 2 m。"北极"号是第一艘达到北极极点的水上舰船。

(五) 水翼船

水翼船 (hydrofoil) 是一种高速船。船身底部有支架，装上水翼。当船的速度逐渐增加，水翼提供的浮力会把船身抬离水面(称为水翼飞航或水翼航行，foilborne)，从而减少水的阻力以提升航行速度。水翼船可以分为"半浸式"水翼和"全浸式"水翼。半浸式水翼的结构较为简单，推进一般用船尾浸在水中的螺旋桨及方向舵。较新的水翼船则是采用倒"T"形的水翼，这种水翼因处于水下，而被称为"全浸式"。"全浸式"的水翼受海浪的影响比"半浸式"小，因此全浸式水翼船在大浪的海上行进时更为稳定，亦更为舒适。但是因为全浸式水翼设计自我稳定性较差，所以必须要由自动控制系统就海面情况、船身姿态、速度、加速等参数不断改变水翼的攻角，以维持水翼飞航的状态。如果水翼船突然失速(例如发动机严重故障，或者因碰撞而突然减速)，船身可能会突然掉回水中，造成意外。部分"全浸式"水翼船的推进采用燃气涡轮引擎，配以喷水系统，避免了螺旋桨及方向舵带来的阻力(图4-27)。

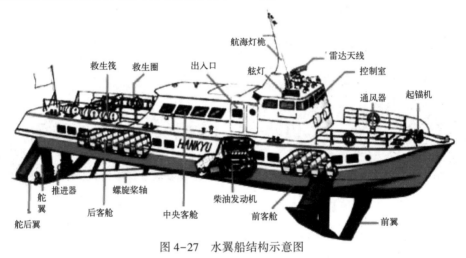

图4-27　水翼船结构示意图

目前服役的水翼船排水量大多不超过1000 t，并以近海航行为主。跟其他的高速舰艇技术相比，水翼船(主要是"全浸式")的主要优点是能够在较为恶劣的海情下航行，船身的颠簸较小。而且高速航行时所产生的兴波较少，对岸边的影响较小。缺点主要在制造大型的水翼船或进一步提高速度方面，还存在较大技术困难。水翼所能提供的浮力与长度成平方关系，但是船的质量却与长度成立方的关系(平方/立方定律)，故此制造更大型的水翼船存在一定的难度。要进一步提高速度，水翼在高速下会产生气泡(空蚀，cavitation)的问题亦需要解决。此外，"全浸式"水翼的结构及控制较为复杂，亦令整体造船成本上涨。

苏联对水翼船也进行了大量研究，在20世纪七八十年代设计了不少流线型的水翼船渡轮和军舰。当中Meteor及Voskhod型近年出口到国外。这些水翼船以"半浸式"居多，主要用在浪较少的内河及湖泊行走。

海洋交通工具除了船，还有跨海索道、跨海公路通车，使人们的海上出行更加方便、快速。这些将在后面的几个章节中重点介绍。

四、海洋交通设施设备

人们在海洋上为了实现从一个地方到另一个地方的目的，除了使用常规的海上交通工具船外，还需用到一些相关的交通设施和设备，包括航道、信号塔、港口建设、海峡铁路、海底隧道、跨海大桥、跨海索道等，以保证海上航行的安全、顺利，并快速抵达目的地。

(一)港口设施

港口建设最初是从码头开始的。在中国，码头又称为"渡口"，将乘船的人称为"渡客"。码头是海边、江河边专供轮船或渡船停泊，让乘客上下、货物装卸的建筑物，多数为人造，也有是岛礁天然形成的。为了满足人们不同的需求，码头根据不同用途分为客运码头、货运码头、汽车码头、集装箱码头、油码头、游艇码头和军用码头等。码头的用途不同，其具体的设施设备要求也会有所不同。

集装箱码头是水陆联运的枢纽站，是集装箱货物在转换运输方式时的缓冲地带，也是货物的交接点，通常有大量的集装箱在码头集中、暂存和转运（图4-28）。因此，集装箱码头在整个集装箱运输过程中占有非常重要的地位。现代集装箱码头的整个装卸作业是采用机械化、大规模生产方式进行的，要求各项作业密切配合，实现装卸工艺系统的高效化。这就要求集装箱码头上各项设施合理布置，并使它们有机地联系起来，形成一个各项作业协调一致、相互配合的有机整体，形成高效率的、完善的流水作业线，以缩短车、船、货在港口码头的停泊时间，加速车、船、货的周转，降低运输成本和装卸成本，实现最佳的经济效益。

图4-28 宁波舟山港穿山港区集装箱码头

中国被称为"世界工厂"，每年都有大量的货物进出口需求，近些年来港口的货物吞吐量也在不断增长，诞生了一批超级大港，其中最耀眼的要数上海港，集装箱吞吐量常年位居世界第一，2017 年的吞吐量达到了 4023 万 TEU，占全球所有港口年吞吐量的 1/10。随着经济不断发展，上海港也在不断进化，进行自动化建设，洋山深水港四期码头是一座自动化高科技新型码头。集装箱的装卸转运将全部由智能设备完成。空无一人的码头上，智能设备代替人力，按照系统指令，自动执行装卸任务。在洋山四期码头，不论是码头上的智能设备，还是智能控制系统，都是由我国科研人员自主研制。调试运行都因地制宜，完美适应港口环境，自动化和智能化设备的使用，降低了70% 的成本，工作效率也提升了 30%，按照未来规划，只需 9 个人就可以完成对整座港口的管理，洋山四期码头开港运行后年吞吐量将达到 400 万 TEU，远期为 630 万 TEU，有望成为世界最大的自动化集装箱码头。

(二) 防波堤建设

自从人类发现全球气候异常、逐渐变暖、海平面上升之后，防波堤的作用就从单一的防港湾波浪转为防海岸线波浪(图 4-29)。防波堤位于港口水域的外围，多用沙、石等材料筑成，为阻断波浪的冲击力、围护港池、维持水面平稳以保护港口免受坏天气影响、以便船舶安全停泊和作业而修建的水中建筑物。防波堤的作用体现在防御波浪入侵，形成一个掩蔽水域所需要的水工建筑物，兼防漂沙和冰凌的入侵，赖以保证港内具有足够的水深和平稳的水面以满足船舶在港内停泊、进行装卸作业和出入航行的要求。有的防波堤内侧也兼作码头用或安装一定的锚系设备，可供船舶靠泊。

图 4-29　防波堤

防波堤还可起到防止港池淤积和波浪冲蚀岸线的作用。它是人工掩护的沿海港口的重要组成部分。一般规定港内的容许波高为 0.5~1.0 m，具体按水域的不同部位、船舶的不同类型与吨位的需要确定。防波堤掩护的水域常有一个或几个口门供船只进出，堤外坡常用天然大块石、混凝土石方或异形块体护面，防止波浪淘刷；堤身一般用分层分级块石堆成梯形断面；堤顶高程主要根据波浪在护面上的上爬高度和容许越波量来确定。

(三)灯塔设备建设

灯塔是位于海岸、港口或河道，用以指引船只方向的建筑物(图4-30)。灯塔大部分都建成塔的形状，由灯具与塔身两部分构成。通过塔顶的透镜系统，为海面提供照明。因此，在塔顶装设灯光设备，位置显得非常重要，有特定的建筑造型，易于船舶识别，同时成为港口最高点之一。灯塔塔身的建筑材料要能适应和抵抗风浪等恶劣的自然条件，以保持自身的稳定性和耐久性。同时，塔身高度要适应灯光射程要求。由于地球表面为曲面，故塔身应有充分的高度，以使灯光能被远距离的航船所观察到，一般视距为15~25 nmile；但灯光也不宜投射过高，以免受到高处云雾的遮蔽。根据灯塔大小和所在地点的特点灯塔可以有人看守，也可以无人看守，重要灯塔应该有人看守。

图4-30 灯塔

以前的灯塔常以火作为光源，现代灯塔的发光能源主要采用电力，也有一些灯塔由太阳能发电供应电力。发光器的发光体中心位于聚光透镜的焦点，光通过聚光透镜成为有一定扩散角的平行光束，塔顶光线水平不变，于塔顶设旋转装置，确保周围每个方向都能看见光线。灯塔的射程可达30 nmile左右，光的强度可达数亿坎德拉。灯光有闪光、定光和明暗光等。光色有红、白或绿、白。通常以红、绿光表示光弧内有障碍物。

伴随着科学技术的迅猛发展，雷达应答器、差分全球卫星定位系统(DGPS)、船舶自动识别系统(AIS)相继投入使用，灯塔的导航作用越来越被弱化，但作为历史文化价值的承载物，灯塔成为各国追捧的人文地理坐标。1997年，世界航标协会在全球范围选择100个灯塔命名为"世界历史文物灯塔"，其中有辽宁大连老铁山灯塔、上海青浦泖塔、浙江嵊泗花鸟山灯塔、浙江温州江心屿双塔、海南临高灯塔等5个灯塔入选。

2002 年，中国邮政集团有限公司还专门为这 5 座灯塔发行了纪念特种邮票。

(四) 船舶通导设备

船舶通导设备，包括通信与导航设备(图 4-31)。一般船舶在海上所使用的通信方法主要有：旗号通信、灯号通信、声号通信、扬声器通信、无线电话通信、无线电传电报通信、国际移动卫星通信、卫星手机通信、电子邮件通信、网际网路通信等。导航部分包括自主导航、港口管理和进港引导、航路交通管理系统、跟踪监视系统、紧急救援系统、GPS 声呐组合用于水下机器人导航等。

图 4-31　船舶通导设备

海运是目前沿海各国对外贸易运输的最主要方式，随着船舶大型化、海上船舶交通密集度上升，海上事故的风险也在不断增加。船舶海上事故，多发生在恶劣气候情况下，自救能力差，外部救援困难，事故状态难以控制。同时，水运安全管理涉及的部门和单位多，应急反应协调环节多，难度大。因此，建立一个指挥统一、行动高效的专门海上应急救援体系非常重要。

海上紧急救援系统包括两栖飞机、直升机和陆地车辆。它适应于所有类型航路，用于搜寻和救援各种海面、湖面、内河上的遇险、遇难船舶和人员。这类系统需要双向数据、语音通信，要求响应时间快、定位精度高。

(五) 海上救援设备

为了保障船舶的顺利出行和船上人员的人身安全，需要有系统、完整的海上救援设备。首先，船上必须配备救生衣、救生筏、救生电台以及海上必备防身武器及防鲨剂等。其次，在一定区域范围内需要有完备的海上搜救团队，包括海上搜救船舶和海上航空救援。

海上航空救援，主要使用海上救护飞机、直升机对海上遇险人员进行救生和中援助。海上航空救援分为悬停救生和降落救生。悬停救生是由救护直升机悬停在遇险人员上空，放下救助设备，将遇险人员救上直升机；降落救生是由水上飞机降落在遇险人员附近水面，放出救生艇，将遇险人员救上飞机。

海上搜救是指国家或者部门针对海上事故等做出的搜寻、救援等工作。海上搜救需要较强的技术系统等支持，海上搜救仅靠个人的力量是远远不够的，全社会都应该联动起来。海上搜救的求救渠道一定要畅通，海上搜救中心的求助电话要保证 24 小时待命。海上搜救相比于陆地搜救有更多的不可预测性，因此它的难度也更大，我国交通、应急等相关部门也一直努力研究制定海上搜救工作如何能在第一时间实施最快、最有效的搜救方案。

为此，国家也制定了相关的海上搜救应急机制，以求迅速、有序、高效地组织海上突发事件的应急反应行动，救助遇险人员，最大限度地减少海上突发事件造成的人员伤亡和财产损失。

对于海上搜救系统的技术设备方面要加大投入。如定位设备一定要能在接到求救信号后第一时间尽可能准确地定位，通过定位可以极大地缩小搜救范围，缩短救助时间，进而提高救援效率。在增大救助成功率的基础上，不仅大大降低搜救成本，充分利用搜救资源，也为国家节约大量的人力和财力。

五、海洋交通船舶制造业

一个国家制造业的水平直接体现了其生产力水平，制造业在世界发达国家的国民经济中占有重要份额。制造业包括：产品制造、设计、原料采购、设备组装、仓储运输、订单处理、批发经营、零售等。根据在生产中使用的物质形态，制造业可划分为离散制造业和流程制造业。进行实体加工制造的行业，都可以称为制造业。

船舶工业是制造各种船舶的工业部门。经济全球化促进了船舶制造业的发展。世界各国的造船企业在全球范围内展开了造船技术、造船质量等全方位的角逐。造船业在技术和管理体制上发生了重大的改革，造船技术也从最初的焊接技术发展到现阶段的信息集成系统等先进的制造模式，使造船行业成为信息密集、技术密集的现代化的新型产业。

（一）船舶建造企业逐步走向市场经济

航运业的发展为造船行业的现代化提出了更高的要求。世界经贸的发展促进了国际航运业对新型船种的需求量，同时也给造船行业带来了新的机遇，为造船产业不断发展带来了有利条件。造船市场的兴旺使造船企业之间的竞争更加激烈，市场的竞争聚焦于造船技术上的竞争以及造船企业管理体制的竞争。要想提高造船企业自身的竞争力，就要对企业的信息化应用、造船技术的创新和造船模式的现代化等几个方面提出更高的要求。

现阶段，世界发达国家的市场经济日趋成熟，对船舶产品的建造实现了总装化。2015 年以来，中国船舶工业稳中有进，船型结构升级优化，依旧保持在国际领先的地位。但受世界经济贸易增长放缓、地缘政治冲突不断增多、新船需求大幅下降等不利因素影响，用工难、融资难、接单难等深层次问题未能从根本上得到解决，船舶工业面临的形势依然严峻。2015 年全国造船完工量4184 万 DWT，同比增长 7.1%；2016 年全国造船完工量为 3532 万 DWT，同比下降 15.6%；2017 全国造船完工 4268 万 DWT，同比增长 20.9%；2018 年全国造船完工 3458 万 DWT，同比下降 14%；2019 年全国造船完工 3672 万 DWT，同比增长 6.2%。2011 年 5 月 7 日，国务院新闻办在 2011 年"中国航海日"活动新闻发布会上宣布，我国港口货物吞吐量和集装箱吞吐量已经连续 7 年位居世界第一，水产品的总产量已经连续 20 年位居世界首位。从 2010 年起，中国不仅是海洋大国、航运大国，更跃居为世界第一造船大国。

而就我国目前情况而言，虽然船舶建造企业正逐步走向市场经济，但是任何处于发展中的事物都存在两面性。受困于现有的基础条件以及曾经的计划经济体制的影响，我国的造船企业还存在很多问题，诸如物资的供需方面、造船企业的技术协作和信息的共享以及配套的管理体制等都有待进一步的提高。

(二)缺乏造船专业的高端人才

尽管我国造船数量已居世界前列，但整体技术水平低、发展层级低的问题较为突出，一部分高技术、高附加值船舶仍未摆脱依赖国外设计的局面。船舶贸易以加工贸易为主，船舶工业仍以赚取加工费为主，抗风险能力较弱。

我国的船舶制造行业若想进入高端产业的发展大循环中，首先要解决船舶专业人才短缺的现象。由于国内造船行业的需求近几年来急剧膨胀，导致行业中原有的人才储备不足，同时由于船舶专业选才面相对较窄，人才培养的速度跟不上人才需求，人才的无序流动也加剧了人才短缺的现象。此外，随着国内外资本的大量涌入，现代化造船设施也需要大量的装备，使得船舶类专业人才短缺的矛盾变得日渐突出。而现代化的造船装备及设施只有与现代化的造船模式相结合才能充分发挥前者的效能，而这些都必须依赖于专业的人员进行操作。从船舶的设计、建造到检验过程，都需要专业的技术人才。

(三)造船企业的发展方向及展望

1. 建立新形势下的数字化造船技术平台

为贯彻和落实我国船舶工业发展的长期规划和纲要,紧密配合造船工业的发展要求,就要以项目为纽带,通过产、学、研相结合的方式,整合造船企业的信息化资源,进而提升我国整体船舶制造业的国际竞争力,同时借鉴国外优秀的船舶设计软件,开发有自主知识产权的设计软件,通过整合船舶行业的数字化造船资源,进一步突破数字化的造船关键技术瓶颈,实现船舶设计、制造以及管理一体化的信息集成。

2. 加强对国内外先进技术的交流和学习

积极向国内外企业学习先进的管理经验是加快造船企业快速成长的重要途径,有利于造船企业在发展的过程中少走弯路,并建立良好的管理制度。在现阶段我国的法制环境和诚信环境中,从企业内部来培养职业经理,鼓励企业员工的创新精神,同时创造一切机会与其他企业进行有效的交流和学习,为提高造船业的整体实力而安排工作。

3. 新型造船配套技术的应用

要提高造船企业的水平,就要注意船用配套设备和技术的提高。不仅要引进造船企业关键配套设备和配件技术,而且还要在引进技术的基础上进行二次开发,研制出具有自主知识产权的产品。此外还要注重行业发展的系统与配套,与综合性的系统工程实现有机结合,包括港口建设、航务水上施工以及航道挖泥、船舶修理、拆解和船舶检验等多个方面。各个不同的层面要做到相辅相成、协调均衡和配套发展。同时依托现有船舶企业的交易市场,形成促进船舶修造业发展的重要产品信息中心,借助造船工业的整体发展,带动相关产业的发展,推进营销的网络化、经营全球化,增强造船企业的国际竞争力。

近年来,随着国家及各省市大力支持船舶制造业的发展,中国造船行业整体规模不断壮大。据 2019 年中国船舶工业行业协会调研显示,中国船舶行业加快了企业分化,船舶行业集中度进一步提高,骨干船企竞争优势明显,新承接船舶订单前 20 名企业占全国份额的 90.8%,有 6 家企业进入世界新承接订单量前 10 强。另外,我国船舶制造业仍是金属船舶制造业占绝对主体,修船业、专用设备制造等其他配套产业、海洋工程等虽然发展较快,但相对滞后,一些造船的主要原料和配件、专用设备等主要依靠进口,在一定程度上增加了造船业的成本。

为了提高中国船舶产业的集中度,增强整体竞争实力,提高行业风险抵抗能力,降低经营成本,支持大型船舶企业集团及其他骨干船舶企业实施兼并重组,推动大型船舶企业与上下游企业组成战略联盟或通过兼并成为大型综合船舶集团，相互支持，共同发展，减少中间成本，提高流通效率。同时支持有条件的企业并购境外知名船用配套设备企业、研发机构和营销网络，打造大型船舶跨国企业，拓展国际市场。

另外，中小船舶企业的造船能力有限，而未来的船舶发展趋势是大型化、现代化。因此，在保留其核心中小型船舶的制造能力的同时，我国将引导中小船舶企业调整业务结构，发展中间产品制造、船舶修理、特种船舶制造等业务，开拓非船产品市场。因此，我国将制定出台鼓励企业兼并重组的政策措施，妥善解决富余人员安置、企业资产划转、债务合并与处置、财税利益分配等问题；采取资本金注入、融资信贷等方式支持大型船舶企业集团实施兼并重组。

4. 提升船舶制造产业链

船舶制造属于复杂程度高、综合性强的大型装备制造产业。船舶作为流动的国土，相当于一个微缩的、完整的海上城镇，在船上不但要实现各种专业化的作业功能，还要保证船员的各项生活需求。因此，船舶工业除了总装制造外，还有庞大、完善的配套体系，涉及大量复杂的设备和系统，如动力系统、机电系统、电子通信系统、专业化设备及系统等。船舶总装制造产业处于产业链的中游制造环节，其上游产业包括原材料、船舶设计、船舶配套等，其下游客户为航运公司或租赁公司。原材料主要是指钢材、合金材料以及特殊材料等；船舶设计可分为基础设计、详细设计等；船舶配套较为复杂，可分为船舶动力系统、船用电力电气系统、甲板机械、船用舾装设备、船用通信导航系统、船舶自动化系统、舱室设备、压载水系统、船用管系、专用设备等。另外，船舶金融可以为船舶制造企业和航运企业提供买方和卖方信贷、保函等金融类服务。

充分利用各种渠道和平台，积极探索合作新模式，融入全球产业链。鼓励境外企业和科研机构参与我国先进装备的联合研发。支持国内企业到境外设立公司，并购或参股国外先进装备制造企业和研发机构，支持国内企业培育国际化品牌，开展国际化经营，高层次参与国际合作。

六、跨海大桥

跨海大桥是跨越海湾、海峡、深海、入海口或其他海洋水域的桥梁，一般有较长跨度和线路，短则几千米，长则几十千米。由于大桥深入海洋环境，自然条件复杂且恶劣，对造桥技术的要求非常高。

早在1000多年前的北宋时期，流经福建泉州的洛阳江以"水阔五里，波涛滚滚"著称，当时江口两岸的百姓只能在江边的万安渡乘渡船来往于两岸。因为江口时常遭遇大风海潮，所以来往船只经常被潮水打翻。当地人民渴望有一座桥梁来沟通两岸。后来北宋泉州太守蔡襄主持建桥工程，在当时落后的生产条件下，前后历时7年建成了这座跨江接海的大石桥，因为该桥建在洛阳江江口，故称为"洛阳桥"，这也是世界上第一座跨海大桥。该桥的建造过程创造性地运用生物学技术（即在桥墩基石上养殖牡蛎，利用其分泌的胶质加固基石）是桥梁建筑史上的一大发明，堪称世界奇迹。

现在，随着科学技术日新月异的发展，世界各地越来越多的跨海大桥相继建成或开工，跨海大桥的规模、形式也变得复杂多样，如横跨海峡、海湾、海港、深洋、内海、入海口的大桥，还有公路与铁路，与海底隧道相结合的跨海大桥。这些跨海大桥不仅改善了交通，方便人们的生活，还节约路程，加快世界各地区的经济发展。

（一）中国第一座外海跨海大桥——东海大桥

东海大桥连接上海市浦东新区南汇新城镇与浙江省舟山市嵊泗县洋山镇，位于浙江省杭州湾洋山深水港海域内，为沪芦高速公路的南段部分，也是洋山深水港的重点配套工程之一（图4-32）。东海大桥始建于2002年6月26日；2003年7月13日，时任国家主席江泽民为东海大桥题写桥名；2005年12月10日，东海大桥正式通车运营。为洋山深水港年内建成开港，加快上海国际航运中心的建设奠定了基础。

图4-32　东海大桥

东海大桥北起上海市芦潮港，向南经东海杭州湾东北部至浙江省洋山深水港；线路全长32.5 km，主桥全长25.3 km，桥宽31.5 m；大桥的最大主航通孔，离海面净高达40 m，可满足万吨级货轮的通航要求。桥面为双向六车道高速公路，设计速度80 km/h；项目总投资额71.1亿元人民币；工程总设计师是林元培。

（二）曾经世界最长的跨海大桥——杭州湾大桥

杭州湾跨海大桥是浙江省境内连接嘉兴市和宁波市的跨海大桥（图4-33），位于杭州湾海域，是沈海高速公路（G15）的一段，也是浙江省东北部的城市快速路重要构成部分。杭州湾跨海大桥于2008年5月1日通车运营，成为当时世界上长度最长、工程量最大的跨海大桥。

图4-33　杭州湾大桥

杭州湾跨海大桥北起嘉兴市平湖立交桥，南至宁波市庵东枢纽立交，线路全长36 km，桥梁总长35.7 km，桥面为双向六车道高速公路，设计时速100 km。大桥设北、南两个通航孔。北通航孔桥为主跨448 m的双塔双索面钢箱梁斜拉桥，通航标准35 000 t；南通航孔桥为单塔单索面钢箱梁斜拉桥，通航标准3000 t。

杭州湾跨海大桥在设计中还首次引入了景观设计的概念。景观设计师借鉴西湖苏堤的美学理念，兼顾杭州湾复杂的水文环境特点，结合行车时司机和乘客的心理因素，确定了大桥总体布置原则。"长桥卧波"最终被确定为宁波杭州湾大桥的最终桥型。根据设计方案，大桥在海面上有4个转折点，从空中鸟瞰，桥面呈"S"形蜿蜒跨越杭州湾，线形优美，生动活泼。从立面上看，大桥也并不是一条水平线，而是上下起伏，在南北航道的通航孔桥处各呈一拱形，使大桥具有了起伏跌宕的立面形状。海中平台"海天一洲"外观整体造型为"大鹏擎珠"，寓意杭州湾地区的发展能如大鹏展翅，越飞越高。该平台分观光平台和观光塔两部分，观光平台提供餐饮、住宿、休闲、娱乐、观光、购物等综合性特色服务；观光塔可让旅客站在制高点领略大桥的恢宏气势、杭州湾的波澜壮阔。

杭州湾跨海大桥建成后，缩短了宁波、舟山与杭州湾北岸城市的距离，节约了运输时间，降低了交通运输成本，减少了交通事故，从而形成了杭州湾跨海大桥的通道效益；同时，该桥改变了周边区域的交通网络布局，促进了区域交通运输一体化，完善了周边区域的物流网络，对公路、港口、航空、铁路等都带来不同程度的影响。

(三) 世界规模最大的岛陆联络工程——舟山跨海大桥

舟山跨海大桥(又名舟山大陆连岛工程),是舟山市规模最大、最具社会影响力的交通基础设施项目(图4-34)。工程按高速公路标准建设,全长48.16 km,总投资逾百亿元人民币,2009年12月25日大桥正式通车,是世界规模最大的岛陆联络工程。

图4-34 舟山跨海大桥

长期以来,因一水相隔,舟山孤悬海外,海岛经济受到极大制约。弃水登陆,直抵彼岸,成了舟山人心中越来越强烈的一个梦想。舟山跨海大桥起自舟山本岛的329国道鸭蛋山的环岛公路,经舟山群岛中的里钓岛、富翅岛、册子岛、金塘岛至宁波镇海区,与宁波绕城高速公路和杭州湾大桥相连接。舟山跨海大桥跨4座岛屿,翻9个涵洞,穿2个隧道,工程共建岑港大桥、响礁门大桥、桃夭门大桥、西堠门大桥和金塘大桥5座大桥,双向四车道,设计行车速度为100 km/h,路基宽度22.5 m,桥涵同路基同宽,并以多个特大桥跨径名列前茅。

规模浩大、地理位置特殊的舟山跨海大桥在建设中"逼"出了近百项技术创新成果。其中,跨越西堠门水道、连接金塘岛和册子岛的西堠门大桥,是世界上仅次于日本明石海峡大桥的大跨度悬索桥,是世界上抗风要求最高的桥梁之一,采用了世界上尚无先例的分体式钢箱加劲梁,满足了抗风稳定性要求,颤振临界风速达到88 m/s以上,可抗17级超强台风。金塘大桥主通航孔桥全长1210 m,为主跨620 m的五跨双塔双索面钢箱梁斜拉桥,是世界上在复杂外海环境中建造的最大跨径斜拉桥。

整座跨海大桥建成后,舟山与宁波、杭州的车程距离大大缩短,再加上已经建成的杭州湾大桥,舟山经杭州湾南岸到达上海的车程也缩短到3 h,使舟山更紧密地融入"长三角"经济圈,舟山的交通运输已全面进入"大桥时代"。

(四)世界最长的跨海大桥——港珠澳大桥

港珠澳大桥是中国境内一座连接香港、广东珠海和澳门的桥隧工程,位于广东省珠江口伶仃洋海域内,为珠江三角洲地区环线高速公路南环段(图4-35)。港珠澳大桥因其超大的建筑规模、空前的施工难度以及顶尖的建造技术而闻名世界。

图4-35 港珠澳大桥

港珠澳大桥东起香港国际机场附近的香港口岸人工岛,向西横跨南海伶仃洋后连接珠海和澳门人工岛,止于珠海洪湾立交桥;桥隧全长55 km,其中主桥29.6 km、香港口岸至珠澳口岸41.6 km;桥面为双向六车道高速公路,设计速度100 km/h;工程项目总投资额1269亿元人民币。

举世瞩目的港珠澳大桥于2018年10月24日上午9时开通运营,东接香港,西接珠海、澳门。全程55 km的港珠澳大桥,是世界上最长的跨海大桥,是我国交通史上技术最复杂,建设要求及标准最高的工程之一,被英国《卫报》誉为"新世界七大奇迹"。港珠澳大桥分别由三座通航桥、一条海底隧道、四座人工岛及连接桥隧、深浅水区非通航孔连续梁式桥和港珠澳三地陆路联络线组成。

港珠澳大桥总体设计理念包括战略性、创新性、功能性、安全性、环保性、文化性和景观性几个方面。针对跨海工程"低阻水率""水陆空立体交通线互不干扰""环境保护"以及"行车安全"等苛刻要求,港珠澳大桥采用了"桥、岛、隧三位一体"的建筑形式;大桥全路段呈"S"形,桥墩的轴线方向和水流的流向大致取平,既能缓解司机驾驶疲劳,又能减少桥墩阻水率,还能提升建筑美观度。港珠澳大桥交通工程包括收费、通信、监控、照明、消防、供电、给排水和防雷等12个子系统。

（五）国际跨海大桥——厄勒大桥

厄勒海峡大桥，也称欧尔松大桥，是一座国际跨海大桥，连接丹麦首都哥本哈根和瑞典第三大城市马尔默（图4-36）。哥本哈根市与马尔默隔厄勒海峡相望，该海峡是20世纪最繁忙的水道之一。这一海上走廊的建成将欧洲大陆的中部和北欧的斯堪的纳维亚半岛连成一体，从而把整个欧洲连接起来。

图 4-36　厄勒大桥

厄勒大桥是一座由桥梁、人工岛、海底隧道构成的世间罕见的大桥。该大桥于2000年7月1日正式通车，全长16 km，其中西侧海底隧道长4050 m，宽38.8 m，高8.6 m，位于海底10 m以下，由5条管道组成，分别为两条火车道、两条双车道公路和一条疏散通道，是目前世界上最宽敞的海底隧道；中间的人工岛长4055 m，将两侧工程连在一起；东侧跨海大桥全长7845 m，建有200 m高的中央桥墩和57 m高的船舶通过空间，保证过往海峡的船只从桥底顺利通过。上为4车道高速公路，下为对开火车道，共有51座桥墩，中间是斜拉索桥，跨度490 m，高度55 m，是目前世界上已建成的承重量最大的斜拉索桥。因此，厄勒大桥还是一条行车铁路两用，横跨厄勒海峡的大桥。

在中国，各种高难度的大桥比比皆是，如杭州湾大桥、港珠澳大桥、青岛胶州湾大桥、海口如意岛跨海大桥等。在世界十大最长跨海大桥排名中，中国就占据了五座，在长度上遥遥领先其他国家。从杭州湾跨海大桥开始，到港珠澳大桥，我们见证了太多的跨海大桥的通车使用。

为什么大多数跨海大桥会建成曲线？其实不光是港珠澳大桥，杭州湾大桥等很多跨海大桥其外形都是曲线，之所以要这样修建。首先，是受到了海流的影响，从结构力学的角度来看，有弯度明显更稳定，跨海大桥受到的海浪冲击远远大于普通桥梁，所以通过设计成"S"形，能让水流通过引导减少对桥梁造成的伤害。其次，由于海底地势并不平坦，也会和地面一样有不平的地形，把桥梁修成弯曲的形状是为了避开这些起伏的地形，保障桥梁的稳定和安全。另外，把桥梁修成弯曲形状，还能防止司机出现驾驶疲劳，比如在一条直线上驾驶人员经常会因为周围的环境缺乏变化，产生视觉疲劳和精神懈怠；而在通过弯曲的路线时，周围明显产生变化的环境会让他们的注意力更加集中，不容易发生交通事故。

七、海底隧道

海底隧道就是在海峡、海湾和河口等处的海底之下建造沟通陆地间交通运输的交通管道技术工程，属于海洋建筑物，一般可分海底表面和海底地层之下两种类型，建造方法也不相同。海底隧道不妨碍水上船舶航行、不影响生态环境，不受大风大雾等气象条件的影响，是一种非常安全的全天候的海峡通道。世界上著名的海底隧道有日本青函隧道和英法海底隧道等。全世界已建成和计划建设的海底隧道有 20 多条，主要分布在日本、美国、西欧、中国香港等国家和地区。从工程规模和现代化程度上看，当今世界最有代表性的跨海隧道工程，莫过于英法海底隧道、青函隧道和对马海峡隧道。

(一) 海底隧道的修建方法

要在海底建造隧道是比较困难的，首先要解决海底水压大的问题，还要勘测一定海域范围内的隧道建造的可行性。几十年间，经过全世界科学家和海底隧道专家的共同努力，不断地积累建造经验，使海底隧道的建造技术越来越成熟。下面简要介绍四种海底隧道的修建方法。

1. 钻爆法

钻爆法主要用钻眼爆破方法开挖断面而修筑隧道及地下工程的施工方法。用钻爆法施工时，将整个断面分部开挖至设计轮廓，并随之修筑衬砌。国内已建和在建的海底隧道，包括青岛胶州湾海底隧道、厦门翔安海底隧道、厦门海沧海底隧道在内的多条隧道均是采用矿山法施工。

2. 沉管法

沉管法是在水底建筑隧道的一种施工方法。沉管隧道就是将若干个预制段分别浮运到海面(河面)现场，并一个接一个地下沉安装在已疏浚好的基槽内，以此方法修建的水下隧道。香港多条海底隧道就是采用沉管法施工。

3. 掘进机法

掘进机法掘进机法是挖掘隧道、巷道及其他地下空间的一种方法，简称 TBM（tunnel boring machine）法。掘进机法使用特制的大型切削设备，将岩石剪切挤压破碎，然后，通过配套的运输设备将碎石运出。连接英国及法国的英法海底隧道就是采用掘进机法开挖。

4. 盾构法

盾构法（shield method）是暗挖法施工中的一种全机械化施工方法，它是将盾构机械在地下推进，通过盾构外壳和管片支承四周围岩防止发生在隧道内的坍塌，同时在开挖面前方用切削装置进行土体开挖，通过出土机械运出洞外，靠千斤顶在后部加压顶进，并拼装预制混凝土管片，形成隧道结构的一种机械化施工方法。日本东京湾海底隧道就是采用盾构法施工建造的。

（二）修建海底隧道的基本设施设备

在一片汪洋大海的底下开凿一条隧道，确实是一项复杂而又艰巨的工程，无论是勘测、设计还是施工，都会遇到一系列复杂问题，如地质、地形、岩层裂缝、漏水等。因此，修建海底隧道需要采用现代化的施工和技术设备。海底隧道施工工艺及相应设备分为地下掘进和埋置预制管涵两种。

1. 地下掘进设备

地下掘进设备主要包括全断面隧道掘进机和盾构隧道掘进机，这两者的掘进、平衡、支护系统不一样，适用的工程也不一样。全断面隧道掘进机适用于硬岩掘进，如山岭隧道；盾构隧道掘进机适于在软岩、土层中掘进，如城市地铁。相对而言，全断面隧道掘进机比盾构技术更先进、更复杂，但也会采用盾构技术，由此又可分为岩石隧道掘进机和软土隧道掘进机（类似盾构隧道掘进机）。在相同条件下，全面断隧道掘进机的掘进速度约为常规钻孔爆破法的 4~8 倍，最佳日进尺可达 150 m，具有快速、优质、安全、经济，有利于环境保护和劳动力保护等优点。全断面隧道掘进机与盾构隧道掘进机这两种设备的技术开发与应用，在我国隧道工程领域具有十分广阔的前景。但由于两者的工作环境不一样，所以要根据地质构造情况决定使用哪种设备掘进海底隧道。

2. 埋置预制管涵设备

很多海底隧道是采用沉箱方法建造的，沉箱方法就要埋置预制管涵。首先要在拟建路线一带海底探测海床情况。如果水流急或位于地震带，则不适合兴建隧道；如果适合，则把海底表层软的浮泥挖走，再在坚固、稳定的泥土上铺石块，就像在海底铺一条路，作为隧道的地基。然后开始一节一节地预制钢筋混凝土的长度，确定要造多少节，特别是钢筋和混凝土的比例亦要非常准确，隧道才能实现坚固牢靠，不会漏水。管涵制作好后，便借助海的浮力把它们拖出海港，在规划并经勘察确定的位置，使用重型海洋吊机把管涵逐节逐寸沉落海底。由于管涵内存在空气容易浮起，很难将其沉落海底，所以要先把水注入管内，以便在水里容易移动。管涵吊放完成后，再在上面及周围铺上石块，把管涵埋压固定，并可防止将来意外沉下的物体直接撞击管涵。出入口也建成后，便把管涵内的水用泵抽走。打通全线管涵后，就像建造陆地隧道一样，在管涵内铺筑路面或敷高轨道，安装照明，通风等配套设施。海底隧道的建设是一项庞大而复杂的工程。

(三) 中外著名的海底隧道

1. 英吉利海峡海底隧道

又称英法海底隧道或欧洲隧道(Euro tunnel)、海峡隧道，是一条英国通往法国的铁路隧道(图 4-37)，于 1994 年 5 月 6 日开通。它由三条长 51 km 的平行隧洞组成，总长度 153 km，其中海底段的隧洞长度为 3×38 km，是目前世界上海底侧面最长的铁路隧道。从 1986 年 2 月 12 日法、英两国签订关于隧道连接的《英法海峡条约》到 1994 年 5 月 7 日正式通车，历时 8 年多，耗资约 100 亿英镑(约 150 亿美元)，也是世界上规模最大的利用私人资本建造的工程项目。隧道横跨英吉利海峡，使由欧洲往返英国的时间大大缩短。海底长度 39 km。单程需 35 min。通过隧道的火车有长途火车、专载公路货车的区间火车、载运其他公路车辆(如大客车、一般汽车、摩托车、自行车)的区间火车。

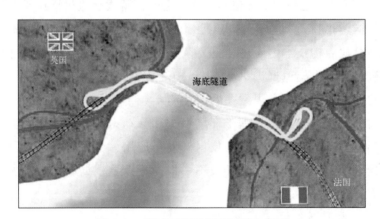

图 4-37　英吉利海峡海底隧道示意图

2. 青函海底隧道

日本是个岛国，由北海道、本州、九州和四国四个岛屿组成。北海道地处北方，面积占全国总面积的 20%，而人口仅占全国 5%，在人口稠密的日本，颇具发展潜力。然而北海道与本州隔着津轻海峡，日本本州的青森与北海道的函馆两地隔海相望，中间横着水深流急的津轻海峡。海峡风大浪高，水深流急，只能靠渡轮运输，交通十分不便，两地的客货往返，除了飞机以外，完全依靠海上轮渡。要想促进北海道的经济发展，首先就要解决交通的问题。从青森到海峡对面的函馆，海上航行要 4.5 h，在台风季节，每年至少要中断海运 80 次。于是，人们迫切希望除飞机和轮渡之外，有更经济、更方便的交通把两岸连接起来。建设海底隧道的想法就应运而生。青函海底隧道因连接青森地区和函馆地区而得名。隧道横越津轻海峡，全长 54 km，海底部分 23 km（图 4-38）。青函海底隧道 1964 年 1 月动工，1987 年 2 月建成，前后用了 23 年时间。

图 4-38　日本青函海底隧道位置示意图

3. 青岛胶州湾隧道

青岛胶州湾隧道又称胶州湾海底隧道，是我国修建第二条海底隧道，也是总长度国内排名第一、世界排名第三的海底隧道（图 4-39）。该隧道位于胶州湾湾口，连接青岛和黄岛两地，双向六车道，设计车速 80 km/h。通车之后使青岛至黄岛由高速公路通行的 1.5 h、轮渡通行的 40 min 缩短至 5 min。隧道采用“V”形坡，隧道最低点高程为−70.5 m，至海底面 44.5 m，隧道的最小埋深 25 m。隧道及其接线工程全长 9.47 km，其中隧道长度 7.808 km，隧道海域段长度 4.095 km。隧道设计基准期为 100 年，工程于 2007 年 8 月正式开工，2011 年 4 月竣工，2011 年 6 月 30 日正式通车。

4. 港珠澳大桥海底隧道

为了给珠江口这条世界上最繁忙的航道让出通道，港珠澳大桥主体工程中的 6.7 km 采用海底隧道（图 4-40）。海底部分约 5664 m，由 33 节巨型沉管和 1 个合龙段组成，最大安装水深超过 40 m。这是我国首条外海沉管隧道，也是当今世界上埋深最大、综合技术难度最高的沉管隧道。两个面积各为 10 万 m² 的人工岛，承担着桥隧转换的功能。2017 年 7 月 7 日，港珠澳大桥海底隧道顺利贯通，随后港珠澳大桥主体桥梁工程和岛隧工程的桥梁部分打通连为一体。

图 4-39　青岛胶州湾隧道示意图

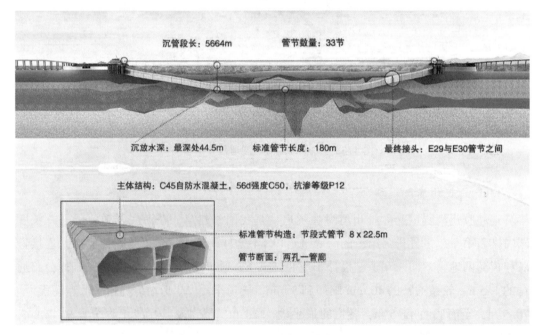

图 4-40　港珠澳大桥海底隧道示意图

5. 马尔马拉海底隧道

马尔马拉海底隧道位于土耳其伊斯坦布尔市，穿越博斯普鲁斯海峡，连通亚洲和欧洲。这是世界第一条跨越欧亚大陆的海底铁路隧道，也是土耳其首个海底铁路隧道工程项目，被誉为"世纪工程"。该隧道 2004 年开始建造，于 2013 年 10 月 29 日土耳其共和国成立 90 周年之际正式通车。隧道全长 13.6 km，其中跨海峡部分 1.4 km。隧道位于海床下 4.6 m 处，深度为海平面以下 60 m。马尔马拉海底隧道开通使得连接欧亚大陆的车程缩短为 4 min，单程每小时可通过 7.5 万人次。

八、海洋航道

海路运输是当前重要的运输方式之一，了解海洋航道尤为重要。由于海底和陆地一样，有平原和高山，所以需要有规定航道。航道，就术语的含义而言，沿海、江河、湖泊、水库、渠道和运河内可供船舶、排筏在不同水位期的通航水域即为航道。海洋航道则是为了组织水上运输在海或洋上所规定或设置的船舶安全航行的通道，也是进出港口的通道，属于港口的组成部分。为此，在航道内一般要求设置航行标志，以保证船舶安全航行。

(一) 全球重要航道

航道基本要求有：①足够的水深、宽度和弯曲半径；②适合船舶航行的水流条件（流速不能过大、流态不能太乱、比降不能太大）；③跨河建筑物应满足船舶航行的净空要求。

全球重要航道主要有以下 11 个。

马六甲海峡连接太平洋和印度洋，沟通亚非欧三洲；苏伊士运河沟通红海和地中海，是中东石油运往西欧的捷径之道；巴拿马运河连接太平洋和大西洋，是北美东西海岸之间海运的必经之路；直布罗陀海峡连接地中海和大西洋，是欧洲和非洲的分界线；德雷克海峡沟通大西洋和太平洋，是南美洲和南极洲的分界线；土耳其海峡是连接黑海与地中海的唯一通道，是亚洲和欧洲分界线；丹麦海峡沟通大西洋和北冰洋，是欧洲和北美洲分界线；曼德海峡连接红海和阿拉伯海（即红海和印度洋），是亚洲和非洲分界线；白令海峡是北美洲和亚洲分界线；麦哲伦海峡沟通太平洋和大西洋；霍尔木兹海峡连接波斯湾和印度洋，是波斯湾石油运出的必经之道。

西北航道（Northwest Passage）是指由格陵兰岛经加拿大北部北极群岛到阿拉斯加北岸的航道，这是大西洋和太平洋之间最短的航道。西北航道是人们经数百年努力寻找而形成的一条北美大陆航道，由大西洋经北极群岛（属加拿大）至太平洋。航道在北极圈以北 800 km，距北极不到 1930 km，是世界上最艰险的航线之一。一旦实现商业通航，将产生显著的经济效益。

(二)海洋航道基本设备

1. 航道浮标

航道浮标指浮于水面的一种金属制或木制航标,是锚定在指定位置,一端系于水底,其本身浮于水面。用以标示航道范围、指示浅滩、碍航物或表示专门用途的水面助航标志。浮标在航标中数量最多,应用广泛,设置在难以或不宜设立固定航标之处。浮标,其功能是标示航道浅滩或危及航行安全的障碍物。装有灯具的浮标称为灯浮标,在日夜通航水域用于助航。有的浮标还装雷达应答器、无线电指向标、雾警信号和海洋调查仪器等设备。

2. 航道图

航道图又称航行图,为指引船舶(或船队)安全航行的专用水道图。图上绘有地理坐标、磁差、航线、航标、水深点、流速和流向、航行障碍物及限航物、通航整治建筑物和岸线的地形图。有海上航道图、海上进港航道图和内河航道图等。一般以图例和色别、注字等标示航道的起迄、方位、走向和港埠、水深、宽度、里程、主要水利工程设施和跨河建筑物以及航标等导航设备。

从制图角度出发,航道图的要素可分为:数学要素、地理要素和整饰要素三大类。数学要素是建立地图空间模型的数学基础,它主要包括:投影、比例尺、方位、平面控制基础、高程基准面和深度基准面等。地理要素又称图形要素,它是航道图上的核心内容,包括自然地理要素和社会经济要素。自然地理要素是构成自然地理环境的所有物体,包括地质、地形、水文、气象、土壤、植被等各种自然要素。社会经济要素是人们在自然环境中进行物质生产所取得的劳动成果,它主要包括居民地、道路及各种人工地物和设施等。整饰要素主要包括:符号、注记、色彩、图表及图廓等,是一种科学和艺术结合的产品,它不但要求内容丰富、真实、科学性强、在表现形式上也讲究一定的艺术性。

(三)航道管理要求

1. 航道管理

航道尺度是航道建设的主要标准,包括航道深度、宽度、弯曲半径、断面系数以及水上净空和船闸尺度等。它应满足船舶航行安全和建设、运行经济的要求。航道尺度与船型的选定相互影响,与水域的条件(天然航道还是人工航道;山区航道、平原航道还是河口航道;库区航道还是湖区航道等)和货运量大小有关。运量大需要的航道尺度就要相应增大,应进行运输成本、航道工程基建投资和维护费用等的综合比较。一般应根据国家制定的通航标准选取航道尺度，以便使各地区各水系航道畅通和实现直达运输。为了协调船舶、航道、船闸和跨河建筑物的主要尺度，实现内河通航的标准化，促进航道网建设，各国都制定相应的标准。1952年，苏联将内河航道分成7个等级；1960年，欧洲又列出了6个等级的航道；美国对密西西比河和五大湖水系等也规定了相应的水深和船闸等标准。国际上划分航道等级的技术指标有两种：一种是以航道水深作为分级指标，结合选定相应的船型；另一种是以标准驳船的吨位及船型作为分级指标。我国航道分级采用后一种。1963年，我国颁布了《全国天然、渠化河流及人工运河通航试行标准》，将通航载重50~3000t船舶的航道分为6级，分别列出了天然河流、渠化河流以及人工运河的航道水深、宽度和弯曲半径以及船闸尺度和跨河建筑物的通航净空，并列出了各级航道通航水位的保证率标准。自1981年开始，我国对原标准进行了修订。

2. 航道要求

(1)有足够的航道深度。航道深度是指全航线中所具有的最小通航保证深度，它取决于航道上关键性的区段和浅滩上的水深。航道深浅是选用船舶吃水量和载重量的主要因素。航道深度增加，可以航行吃水深、载重量大的船舶，但必然会使整治和维护航道的费用增高，因此，设计航道深度时，应全面考虑。其公式为

最小通航深度=船舶满载吃水+富余水深

(2)有足够的航道宽度。航道宽度视航道等级而定，通常单线航行的情况极少，双线航行最普遍；在运输繁忙的航道上还应考虑三线航行。其公式为

所需航道宽度=同时交错的船队或船舶的宽度之和+富余宽度

(3)有适宜的航道转弯半径。航道转弯半径是指航道中心线上的最小曲率半径。一般航道转弯半径不得小于最大航行船舶长度的4~5倍。若河流转弯半径过小，将造成航行困难，应加以整治。若受自然条件限制，航道转弯半径最小不得小于船舶长度的3倍，而且航行时要特别谨慎，防止事故发生。

(4)有合理的航道许可流速。航道许可流速是指航线上的最大流速。船舶航行时，上水行驶和下水行驶的航线往往不同，下水行驶可沿流速大的主流行驶，上水则尽量避开流速大的水区而在缓流区内行驶。船舶的航行速度与流速有如下关系

下水时：航速=船舶静水速度+流速

上水时：航速=船舶静水速度-流速

航道上的流速不宜过大，如果航道上的流速太大，上水船舶必须加大功率才能通过，这样势必会使成航行成本增加。

(5)有符合规定的水上外廓。水上外廓是保证船舶水面以上部分通过所需要的高度和宽度的要求。水上外廓的尺度依航道等级来确定，一般一、二、三、四级航道上的

桥梁等的净空高度，取 20 年一遇的洪水期最高水位来确定。五、六级航道取 10 年一遇的洪水期最高水位来确定。由于水工建筑物如桥墩等下部比上部窄，故此桥梁等水面建筑物的净跨长度，应取枯水期最低水位来确定。

3. 管理维护

为了保证航道畅通无阻，航道管理部门须经常进行航道测量，发现航道的某些段落不能满足所要求的尺度时，应及时实施航道疏浚等工程措施；如发现有障碍物堵塞航道，还应及时进行扫床打捞。航道管理部门要有计划地定期清除航道中的回淤，维修整治建筑物和船闸，并对航标、通信等设备进行管理和保养。航道疏浚与其他航道工程相比，机动灵活，收效快，疏浚后航道尺度立即增加，施工相对比较简单，不需要消耗大量人力物力。但疏浚后，原有水流泥沙条件改变，常存在企图恢复原地形的趋势，往往出现部分泥沙回淤。回淤的实质是水流为获得新的输沙平衡而出现的再造床过程。

我国是世界上较早利用水运的国家之一。相传在大禹时已"导四渎而为贡道"，开始利用天然河流作为航道；前 486 年即已开邗沟；京杭运河曾将海河、黄河、淮河、长江和钱塘江五大水系连接起来。20 世纪 80 年代，我国内河通航里程逾 10 万 km，但航道开发利用还不充分。随着运输事业的发展，水运要求各个水系的航道相互沟通，连接成网。如美国已形成以密西西比河为主干的航道网，西欧已形成以莱茵河为主干的航道网，俄罗斯欧洲部分已形成以伏尔加河为主干的航道网。航道网的建设大大促进了当地运输和生产的发展。

4. 航道工程

开拓航道和改善航道航行条件的工程，常包括以下几个方面：①航道疏浚；②航道整治；③渠化工程及其他通航建筑物；④径流调节，利用在浅滩上游建造的水库调节流量，以满足水库下游航道水深的要求；⑤绞滩；⑥开挖运河。

在河流上兴建航道工程时，应统筹兼顾航运与防洪、灌溉、水力发电等方面的利益，进行综合治理与开发，以谋求国民经济发展的最大效益。在选定航道工程措施时，应根据河流的自然特点，进行技术经济比较后确定。

5. 航道建设

一般来说山区航道槽窄、弯急、滩多，除航道尺度不足外，有些部位坡陡流急，船舶上行困难、下行危险(称急流滩)；有些地区存在着险恶的流态，如回流、横流、旋水和泡水等，船舶难以航行，驾驶稍有不慎，就容易发生事故(称险滩)。平原河流纵坡平缓，河床宽深比大，有碍航行的主要地区是水深不足的浅滩。在水流与河床的相互作用下，顺直河段深槽和浅滩逐渐地下移；汊道河段随着各汊的分流比、分沙比

变化，航道也相应地改变尺度；游荡型河道中，没有明显的浅滩和深槽，河床变化频
繁，有些河段甚至无法通航。

河口地区泥沙大量沉积形成拦门沙浅滩，如钱塘江河口拦门沙长 130 km 左右，沙
顶高出河床基线约 10 m。航道在潮流、径流及其来沙的相互作用下也不稳定，由于通
过的船舶吨位较大，河口区的航道水深也常常不能满足航行要求。为了消除航行障碍，
延长航道里程，加大通航船舶吨位。要将各个水系连接成四通八达的航道网，以充分
发挥水运的优越性，都必须兴建航道工程。

九、海洋交通安全问题与管理

为了加强海上交通管理，保障船舶、设施和生命财产的安全，促进航运发展，保
障国民经济建设，维护国家主权和海洋权益，需要有相应的安全管理条例，来约束或
提高交通航行的行为。

(一) 当前海洋交通安全形势

海洋交通问题关系到国家的经济命脉，我国是一个濒海大国，海洋与国家的历史
命运息息相关，和民族的生存发展紧密相连。当前海洋交通安全仍存在一些问题，这
些问题亟待解决。

1. 海洋环境污染问题严重

随着沿海地区工农业生产的继续高速发展及趋海人口的密集，工业废水和生活污
水持续增加。近些年来陆源污染物年入海量继续以 5% 的速度递增，目前我国沿海城镇
的污水处理率较低，平均为 24% 左右。大量未经有效处理的污水被排放入海，入海污
染物总量将继续增加，污染范围将不断扩大，必将加剧近海海域的环境污染。另外，
由于改革开放以来海上运输活动日益频繁，船舶数量增加很快，加之海洋油气资源的
勘探和开采，源自海上的污染也日趋加剧。我国每年海上发生原油泄漏事故几十起，
溢油可达上万吨。船舶碰撞溢油事故也屡见不鲜。由于大型油轮和石油生产平台大量
增加，溢油事故发生的概率也大大增加，其规模和危害程度也会加大。我国近海近年
来随着局部海域富营养化情况加重，赤潮灾害的发生频率、持续时间和危害程度都呈
上升趋势。此外，沿海地区兴建大型火力发电站和核电站，极可能引起海域热污染加
剧，放射性污染可能趋向明显。这些海洋环境污染问题必然会对海洋交通带来一定的
影响。

2. 海上安全交通事故风险下降

随着我国经济持续稳定的发展，海上运输有着巨大的需求市场，导致投资经营者的数量急剧增加，船舶数量不断增加，运输实体由过去单一国有企业向国有、集体、个体多元化方向转变，水路运输业呈现出一片繁荣景象。根据交通运输部 2021 年全国海事工作会议消息，"十三五"以来，我国水上交通事故件数、死亡失踪人数、沉船艘数、直接经济损失等四项指标较"十二五"时期下降较显著。

（二）海上交通安全事故分析

1. 事故特点

海上交通事故是指船舶在水上因过错或意外造成的人身伤亡、财产损失或环境损害的事件。交通运输部将海上交通事故划分为碰撞、搁浅、触礁、火灾或爆炸、浪损、触损、风灾、自沉及其他引发人员伤亡或者财产损失的水上交通事故。海上交通运输是一个动态的、复杂的人机系统，海上交通事故是由于人、机、环境、管理这些因素相互不协调产生的，事故的发生往往不可预测，但是对以往的海事调查报告进行统计分析可以得到其具有以下几个特点。

（1）从事故类型来看，以碰撞、搁浅为主，从涉事船舶来看，以渔船居多。对我国某海域海上交通事故进行统计发现，碰撞、搁浅事故占到事故总数的28%，事故中涉及的船舶，渔船占到了60%。

（2）具有显著的时间性。夜晚尤其是二副、大副值班时段，由于生物节律，值班人员极易疲劳、困乏，导致航行事故；对于大部分沿海来说，9 月至次年 1 月份受季风、寒潮等影响，风大浪高，海上交通事故数量明显增多。

（3）具有随机性、小概率性和灾难性。海上交通事故是由于系统内相关因素的相互作用产生的，存在很大的不确定性和随机性；同时，随着航行环境的改善、助航设施的完善以及先进仪器设备的引入，事故的发生概率逐步降低；最后，海上交通事故的结果往往是致命的，不仅造成巨大的人员财产损失，而且会给生态环境带来不可逆的破坏。

2. 原因分析

日本海难审判厅曾对多起海难事故进行统计分析。发现出现次数较多的事故原因有：瞭望不当、未遵守规则、打瞌睡、监督指挥不当、未正确鸣放声响信号、对主机的使用维护不当、未检查船位、船舶操纵不当等。从这些事故原因可以看出，绝大多数的海上交通事故是由于人为失误引起。

（1）人的因素。人作为一切活动的主体，在各种水上交通活动中担任船舶的驾驶操纵以及船舶维护，是引发水上交通事故的主要因素。人为因素主要分为两类：一类是船员不合格，即船员在技术上不合格，不熟悉船舶的性能，或者不熟悉相关法律法规及国际公约，导致错误操作等；另一类是船员工作疏忽或不负责任，如不按规定瞭望，或不按规定操作等，致使发生水上交通事故。

船员有自己的视觉特性、反应特性和生理周期，并易受周围环境影响，而疲劳或兴奋等，影响船员的工作状态，从而诱发交通事故。此外，从心理学角度考虑，驾驶员的观察、注意和注意力、情绪和情感、意志和气质以及种种心理活动都与交通安全有程度不同的关系。

总之，船员对于水上交通事故的影响，在于船员的职业素质和行为，职业素质包括道德、身心、技术、能力及语言表达能力等方面，有良好的素质才能有良好的行为。优秀的船员有利于避免人为因素引起的水上交通事故。

(2)船舶因素。有些船舶即使被发现船上存在安全隐患，但由于船主忙于生产，已存侥幸，无暇顾及修理，带"病"航行。以2019年为例，我国共发生一般等级及以上中国籍运输船舶水上交通事故128次、死亡/失踪140人、沉船42艘、直接经济损失近1.7亿元人民币，造成的经济损失和人员伤亡十分巨大。

技术状况差。主要集中在沿海200GT以下的小型船舶。有的船舶购入时就资料不齐，特别是影响适航性能的船舶设备，如主机、推进器及舵机等。有的船主贪图价格便宜，购置滩涂造船企业产品；有的船稍微座浅装卸就变形；有的船靠泊时无法倒航，舵机不灵；有的船舶为过船检关，配设备摆样子。据浙江辖区2011年水上交通事故年报统计，全年200GT以下的小型船舶事故52起，占事故总数的57.1%；死亡43人，占事故总数的62.3%；沉船38艘，占事故总数的64.4%。

(3)环境因素。是指船舶运动所处的条件，称海上交通安全环境，包括航行的自然条件和社会条件两个方面的因素。

自然条件因素是指船舶航行水域的航道条件、水文条件和气象条件等因素。航道条件是指涉及船舶航行和操纵的空间范围是否受到限制以及受到限制的程度，一般包括水域宽度、水底平坦度和底质、水道弯曲度、浅滩礁石和其他障碍物的存在情况等；水文条件是指水深、水流、潮汐、波浪、冰冻等对航运有影响的各种因素；气象条件是指能见度、风、气温等对船舶交通安全有影响的因素。

社会条件因素是指船舶、浮动设施在航行、停泊和作业时所依赖的各种人工条件和社会关系，主要包括影响船舶安全的各种人工设施、通航秩序和交通管理。人工设施条件按其功能不同，分为交通保障设施和影响设施，交通保障设施包括港口和航道设施，如码头、泊位、航道、锚地、航标和安全标志、通信等设施。影响设施主要包括通航水域内的闸坝、桥梁、架空电线、海底电缆、水下管道等构筑物；通航秩序是指船舶、浮动设施在通航水域内航行、停泊和作业所形成的交通状态，包括船舶密度及其分布、船舶航迹分布、交通流方向、速度等；船舶交通管理是指对船舶运动组合和船舶行为的总体控制，包括船舶进出港管理、船舶航行和避碰规则、船舶定线、船舶交通服务等。

（4）管理因素。委托性经营企业（挂靠公司）管理脱节。为了有效纳轨个体经营船舶，减少事故发生，各级交通主管部门和航运管理机构采取纳入公司化管理等做法，由此产生了一批船舶挂靠公司。这些公司"代而不管"，从而导致经营与管理相脱节，所有权与管理权相分离的情况。

信息渠道不畅。船舶在海上航行通过通信联系从船公司获取安全信息是保障安全航行均重要渠道之一，也是公司实行船舶管理的重要手段。现在的情况是，船舶远距离无线通信设备基本达到要求，而有的船公司（主要是挂靠公司）反而没有设备，或不会使用，或使用不正常，没有及时向船舶告知有关航海安全信息。

管理人员不懂管理。管理人员平均文化程度较低，基本不懂航海知识和企业管理知识，有的企业为了应付交通部门、航管机构对企业资质检查需要，表面上聘请几名退休船长、轮机长作为公司技术管理人员撑门面，出现"公司有名无人"的管理脱节现象。

（5）船东对船舶管理的盲目性。船东对船舶管理最大的问题是无视安全，片面追求效益。不按规定配员，不按时维修保养。许多船东在人员不齐的情况下，临时到劳动市场招聘外来民工充当船员，未经培训即上岗，语言不通，冒险航行。

船长对船舶管理的缺位。船东在聘请船员时，无暇顾及船员责任心、心理特点、组织能力或不良航海记录，只要有证书就行，甚至人不来也行。船东为了自身经济利益，派不懂航海的亲属充当船代表，瞎指挥、乱指派，剥夺了船长法定指挥权，损害了船舶安全航行的合作氛围和船员安全效率投入的积极性。

（三）海洋交通安全与维护

1. 重视海上交通运输安全

1983年9月2日，第六届全国人民代表大会常务委员会第二次会议通过《中华人民共和国海上交通安全法》，自1984年1月1日起施行，2016年又进行了修正，制定海上交通运输管理制度，重视交通顺畅，保障生命财产安全。

（1）加强船舶安全管理。船舶和船上有关航行安全的重要设备必须具有船舶检验部门签发的有效技术证书；船舶必须持有船舶国籍证书，或船舶登记证书，或船舶执照。

（2）加强海上和港口水域秩序管理。在沿海水域进行水上水下施工以及划定相应的安全作业区，必须报经主管机关核准公告。无关的船舶不得进入安全作业区。施工单位不得擅自扩大安全作业区的范围。在港区内使用岸线或者进行水上水下施工包括架空施工，还必须附图报经主管机关审核同意。

(3)加强海上船舶交通管理系统工程建设。航标周围不得建造或设置影响其工作效能的障碍物。航标和航道附近有碍航行安全的灯光，应当妥善遮蔽。设施的搬迁、拆除，沉船沉物的打捞清除，水下工程的善后处理，都不得遗留有碍航行和作业安全的隐患。在未妥善处理前，其所有人或经营人必须负责设置规定的标志，并将碍航物的名称、形状、尺寸、位置和深度准确地报告主管机关。

(4)提供对海上船舶优质航海保障服务。为保障航行、停泊和作业的安全，有关部门应当保持通信联络畅通，保持助航标志、导航设施明显有效，及时提供海洋气象预报和必要的航海图书资料。

(5)海上救生救助服务。船舶、设施或飞机遇难时，除发出呼救信号外，还应当以最迅速的方式将出事时间、地点、受损情况、救助要求以及发生事故的原因，向主管机关报告。遇难船舶、设施或飞机及其所有人、经营人应当采取一切有效措施组织自救。事故现场附近的船舶、设施，收到求救信号或发现有人遭遇生命危险时，在不严重危及自身安全的情况下，应当尽力救助遇难人员，并迅速向主管机关报告现场情况和本船舶、设施的名称、呼号和位置。

2. 维护海洋权益

(1)经济方面。要维护海洋权益，必须加强综合国力，尤其是经济实力。要以开发促维权、加大开发科技和资金的投入，抓紧进行全面海洋调查，掌握全面的海洋信息，加快对海洋资源的开发利用。

(2)政治方面。用政治智慧维护海疆权益，主权问题不容争辩。行政管理的触角需要遍及每一寸土地，每一片海域。加强与周边国家的积极协商，达成具有法律效力的解决方案。

(3)思想方面。维护海洋权益最重要的是增强全民意识。公民参与是海洋管理的基石，也是海洋问题日趋复杂的必然要求，更是海洋管理公共性的内在要求，它有利于促进政府海洋管理的有效性和科学性，是实现海洋经济可持续发展、达到人海和谐的必经之路。

作为中国公民，有责任维护国家的领土主权，有责任去了解海洋、认识海洋、开发海洋。要有主权意识，树立海洋意识，为维护中国的海洋权益贡献自己的一份力量。

(4)执法力量方面。加强海上执法力量，建设一支强有力的海上执法力量，这是维护我国海洋权益的当务之急。

十、海洋交通展望

随着海洋交通事业的发展和贸易全球化进程，打破了原来洲际阻隔的局面。海洋交通运输业的发展要进行结构调整，优化港口布局，拓展港口功能，推进市场化，建立结构合理、位居世界前列的海运船队，逐步建设海运强国。

（一）海洋交通工具未来发展前景

随着世界经济全球化和区域经济一体化进程的不断加快，航运事业也步入了新的发展阶段，未来的海洋交通工具也将发生巨大的变化，不仅要快速、安全，还要包含人文元素和环保理念，绿色无污染，而且成本较低、安全性能更强、使用便捷。

远洋海岛因其特有的地理区位条件和资源优势，成为各国发展海洋经济、维护海洋权益的重要支点和平台，具有特殊的地缘战略意义。考虑到离岸海岛风光等可再生能源丰富，对于那些已经经过初步开发，具备一定规模的海岛，如何高效利用岛内清洁能源，对推动远洋海岛经济的绿色可持续发展具有重要意义。

此外，电动汽车行业的高速发展也带动了海上交通工具电动化的革命浪潮，在此背景下可提出未来海上交通工具全部实现电动化的设想，并针对含高渗透率可再生能源的远洋海岛场景，从电网运行的经济性和可靠性出发，提出了一套全电船舶充电站的选址与定容优化策略。在新能源日益普及的前提下，构建未来海岛微网的总体架构。基于现有电动汽车领域和船舶动力学相关研究成果，搭建应用于远洋海岛场景的蓄电池电力推进船舶数学模型，并提出利用全电船舶置换传统柴油机船的方式，实现海岛交通运输的清洁化。

（二）海洋交通运输业的发展

海洋运输是依靠航海活动的实践来实现，航海活动的基础是造船业、航海技术和科学技术人才。造船工业是一项综合性的产业，它的发展又可带动钢铁工业、船舶设备工业、电子仪器仪表工业的发展，促进整个国家的产业结构的改善。我国由原来的船舶进口国，近几年逐渐变成了船舶出口国，而且正在迈向船舶出口大国的行列。由于我国航海技术的不断发展，船员外派劳务已引起了世界各国的重视。海洋运输业的发展，中国的远洋运输船队已进入世界10强之列，为今后大规模的拆船业提供了条件，不仅为中国的钢铁厂冶炼提供了廉价的原料、节约能源和进口矿石的消耗，而且可以出口外销废钢。

　　浙江是经济强省，但又是资源小省，经济具有"两头在外""大进大出"的特征，大宗物资运输和外贸运输需求增长强劲，建设交通、港航强省正逢其时。交通事业，联系千家万户。当浙江人享受着进出有车坐、出门路好走的便捷交通而不再觉得百里之距、遥远之极的时候，当浙江人发现海岛变半岛、天堑变通途的时候，人民群众大步奔向小康的步伐也越来越快！杭甬运河、舟山大陆连岛工程、杭州湾大桥建设快步推进，杭州的内河航道有了出海口，宁波生产的货物直接运向上海，宁波舟山港融为一体……交通将更加通畅便捷，重大交通工程的建设将改写浙江版图，对于解决浙江交通瓶颈，拓展城市空间，发挥海洋资源优势，加快海洋经济发展，乃至整个浙江社会经济的可持续发展等都具有重大而深远的意义。立足陆地，争衡海洋，实现浙江经济走向海洋、走向世界的梦想，将使浙江这个沿海现代工业省份更快更好地融入一体化的世界经济。

（三）维护海洋交通运输发展

1. 完善海洋立法

　　我国一直在为建设法治国家的目标而努力，管理海洋疆土也应该有完善的法律来依据。从20世纪80年代以来，我国政府相继制定和颁布实施了一系列海洋法律法规，主要包括《海洋环境保护法》《海上交通安全法》《渔业法》《领海及毗连区法》《专属经济区和大陆架法》《涉外海洋科学研究管理规定》等。可以说，上述法律法规，覆盖了我国管辖的所有海域，使得《联合国海洋法公约》赋予沿海国在其管辖海域的各项基本权利在我国国内立法中都得到了具体体现。

2. 加强海洋意识

　　加强海洋意识，一是树立海洋安全观，二是树立海洋经济观。首先，一定要像保卫每一寸陆地国土那样保卫每一寸海洋国土。海洋也是国家安全的屏障，现在对国家安全造成的威胁主要来自海洋，最可能发生冲突的也是海洋。其次，国家的发展、民族的振兴，都与海洋息息相关。海洋运输成本低，80%以上的对外贸易通过海路实现。如果海洋安全得不到保证，那么对外开放和经济发展就无从谈起。解决人口、环境和资源三大问题，主要也依靠海洋。振兴海洋和振兴国家、振兴整个民族是连在一起的。

　　海洋的开发和建设也需要加大科技和资金的投入。目前，中国海洋调查工作还远不能完全满足我国管辖海域海洋资源开发和申请外大陆架的要求。我国东海的海底大陆架地质、底质情况至今不清楚，以目前的进展，我国对东海的考察水平，至少需要30年才能追上日本。所以，在当前背景下，中国应加大科技和资金的投入，由相关部门抓紧进行全面的海洋调查，掌握全面的海洋学资料，为进行海洋划界在外交谈判或利用法律手段解决争端时提供最重要的科学依据和证据。

3. 增强海洋执法能力

加强对我国的海洋执法队伍的建设可以加强中国对周边海域的监控，提高中国海监、海警等公务用船的装备水平，加强维权巡航。2008 年，中国已建立全海域维权巡航制度，将 300 万 km^2 管辖海域纳入定期维权巡航制度管理范畴。依据《联合国海洋法公约》与《中华人民共和国领海及毗连区法》《中华人民共和国专属经济区和大陆架法》《中华人民共和国涉外海洋科学研究管理规定》《铺设海底电缆管道管理规定》等法律、法规，中国海监各海区总队在我管辖海域进行了巡航监管。

走向海洋是所有强国不约而同的战略选择和道路，当今各沿海国比以往任何时代都更加重视海洋的战略地位及其重大价值。以争夺海洋资源、控制海洋空间、抢占海洋科技制高点为主要特征的 21 世纪国际海洋权益斗争呈现出日益加剧的趋势。我国所面临的海洋维权形势也会更加严峻和复杂。如何在新一轮的海洋竞争中，既保卫海洋国土、捍卫海洋权益，处理好与周边国家的关系、维护地区的和平与稳定，是人类应该思考和应对的重要课题。

有人说过，"浩瀚的海洋是上帝赐给人类最好的礼物"。生命从海洋中进化而来，最终也会化为尘埃回到海洋中去。海洋给我们的生活带来巨大的便利：它丰富了人们的出行方式，缩短了地域之间的距离，实现了彼此之间的商贸交流，促进了文明的不断发展。翻阅人类的航海日志，人类走向大海的过程，就像人类自身的进化过程一样，只有起点，却远远没有终点。

专题五　海洋体育

　　海洋体育是指人们利用海洋资源和海洋生产、生活等设施，依托海洋环境，以健身、竞技、休闲、娱乐、医疗等多种目的进行的系列体育活动组合。海洋体育运动是经济、社会、文化快速发展时期出现的一种新型的社会活动形态，是体育、旅游、休闲、度假综合衍生的高端产品。随着日光浴、海钓、帆船、游艇、沙滩运动、湿地运动等海洋体育活动成为人们生活中的一种追求和享受，那种激荡着崇尚自然、勇于开拓、敢于创新的无穷魅力和冒险精神，将吸引人们不断加入海洋体育运动休闲的行列。

　　在本专题中，首先对我国海洋体育发展情况进行简要介绍，然后介绍了海洋趣味运动、帆船运动、海洋冲浪运动、沙滩足球、沙滩排球、海钓运动、海上游泳、海上求生等多种海上体育项目。最后对我国海洋体育发展进行了展望。

　　学习目标：了解海洋体育运动相关知识，扩展体育运动视野，增强体质；学会海洋体育运动多项技能技巧，能运用海洋体育运动相关知识进行自我保护和海上求生；进一步促进人与海洋的和谐相处。

一、我国海洋体育发展概况

海洋体育是指人们利用海洋资源和海洋生产、生活等设施，依托海洋环境，以健身、竞技、休闲、娱乐、医疗等多种为目的的系列体育活动组合。海洋体育运动是经济、社会、文化快速发展时期出现的一种新型的社会活动形态，是体育、旅游、休闲、度假的高端产品。伴随着日光浴，海钓、帆船、游艇、沙滩运动、湿地运动等高端、时尚的海洋体育活动逐渐成为人们生活中的一种追求和享受。

我国海洋体育发展起步较晚，沿海各省由于经济、社会发展水平不一，海洋体育发展也各有特色。本部分主要对山东、浙江、福建、广东及海南五个海洋体育大省的发展状况进行简要介绍。

(一)山东省海洋体育运动项目发展现状

近年来山东省陆续举办了青岛奥帆赛、亚洲沙滩运动会、中国水上运动会等一系列重大活动。以青岛为代表的沿海城市海洋体育发展态势良好，先后开展了帆船、帆板、摩托艇、滑水、航海模型、海军五项等海洋体育运动项目，并多次举办大型国内外赛事；威海成功举办了"威海国际铁人三项赛""国际帆船拉力赛"和"亚洲HOBIE级帆船锦标赛暨首届全国双体帆船(HOBIE 16)精英赛"等多项海洋体育赛事；日照市在始终保持"蓝天、绿树、碧海、金沙滩"的环境优势下，大力发展海洋体育经济，实施"水上运动之都"的战略构想；潍坊作为著名的"世界风筝之都"，所举办的"中国潍坊滨海国际风筝冲浪邀请赛"是目前世界水平最高、规模最大的风筝冲浪顶级赛事。

2015年8月，《山东省人民政府关于贯彻国发〔2014〕46号文件加快发展体育产业促进体育消费的实施意见》(鲁政发〔2015〕19号)颁布。提出到2025年培育发展一批有较强市场竞争力的体育骨干企业，打造国际知名体育企业和国际名牌体育产品的发展目标。2019年4月4日，山东省体育局、山东省发展和改革委员会、山东省市场监督管理局联合印发了《山东体育服务业品牌培育创建管理办法》，要在全省培育打造星级体育健身俱乐部和体育服务综合体、标牌体育赛事活动项目和全域体育旅游精品工程、A级体育技能培训和体育赛事活动运营机构等一批公信力好、影响力大、社会经济效益高、典型示范效应强的体育服务业品牌产品项目和组织机构。

(二)浙江省海洋体育运动项目发展现状

浙江省有海域面积 26 万 km², 面积大于 500 m² 的海岛有 3000 多个, 是全国岛屿最多的省份; 海岸线总长近 6500 km, 居全国首位。其中, 大陆海岸线 2200 km, 居全国第五位; 海岸滩涂资源有 26.68 万 hm², 居全国第三。嘉兴与杭州的"钱江潮"和"观潮节", 吸引国内外众多冲浪高手参与。宁波地处我国东部海岸线中段, 全市海域滩涂面积宽广, 海岸线漫长, 港湾曲折, 岛屿星罗棋布。本地居民借助这些区域的海水、海港、海湾、滩涂、海岛、海船等各种海洋资源开展了形式多样的海洋体育休闲旅游活动。舟山是我国两个以群岛建立的地级市之一, 由近 1400 个岛屿组成。近些年来舟山频繁开展海洋体育竞技比赛和群众性海洋体育活动, 在举办全国休闲体育大会、全国海钓锦标赛暨国际矶钓邀请精英赛、渔民运动会、海岛民间民俗运动会、滑泥节、国际沙雕节、全国沙滩足球比赛的同时, 着手建立帆船、帆板的比赛和训练基地。2011 年, 在舟山举办了浙江省首届海洋运动会。在海洋体育产业方面, 多家企业为舟山市的海洋旅游、海洋体育提供游艇活动服务平台。台州则拥有约 8 万 km² 的大陆架海域和约 280 km² 浅海滩涂, 2012 年, 浙东片区海洋趣味体育大赛在台州三门旅游景区蛇蟠岛滑泥公园举行, 比赛项目主要有海涂速滑、浑水摸蛤、青蟹捆扎、水上拔河、沙滩负重障碍接力等一系列独具海洋特色的趣味活动。温州的洞头则为体育旅游、山地车运动、背包徒步游等体育旅游项目的开展提供了广阔空间, 在举办了国际矶钓名人邀请赛、横渡洞头竹屿-南炮台山海峡和泳渡半屏山海峡等海洋体育赛事后, 洞头的品牌效应正在不断地向外延伸, 越来越多的游泳爱好者、海钓爱好者已把洞头当作休闲度假、体育旅游的首选之地。

2019 年 4 月 30 日, 浙江省体育局正式印发《浙江省户外运动发展纲要(2019—2025年)》(简称《纲要》)。明确了今后 7 年浙江省户外运动发展的目标和任务, 这也是全国省级层面首部针对户外运动的发展纲要。《纲要》把水上运动作为户外运动发展的重点方向, 提出"要以滨海水域资源为依托, 开发一批帆船、游艇、桨板、冲浪、潜水、海钓等海上项目。到 2025 年, 水上运动全民活动网络基本建立, 力争打造国家级水上(海上)国民休闲运动中心。"

(三)福建省海洋体育运动项目发展现状

福建省位于中国东南沿海, 陆地海岸线长近 3800 km, 岸线十分曲折, 潮间带滩涂面积约 20 万 hm², 底质以泥、泥沙或沙泥为主; 港湾众多, 岛屿星罗棋布, 共有岛屿 1500 多个。东山岛具有丰富的海洋体育赛事资源, 是水上运动的优良赛场, 曾多次举办帆船、帆板、海钓、沙滩排球等国际性和全国性赛事。东山岛已成为国家级帆船帆板训练基地，而湄洲岛的黄金沙滩更是海洋体育休闲度假的绝佳去处，白浪、黄沙，景色秀丽壮观，气候宜人，海湾中风平浪小，沙质细腻柔软，水下无礁石，具有鲜明的滨海特色。众多的海岛、岛礁群是良好的海钓场，沿海潮间带有丰富的滩涂资源，以滩涂体育为主，辅以采蛤、海潮、放风筝、观光、参观、品尝海鲜等参与性的风情民俗旅游活动；海岛上建有各种疗养院、休养所，面临大海，环境优美，空气清新，各家疗养院所都有各种体育休闲运动娱乐设施，是海洋康体健身的好去处。福建省在 2019 年《福建省海洋经济发展试点总体方案》中提出，"大力发展邮轮游艇业，支持沿海地区船舶、游艇修造企业开发高端游艇品种，建设一批游艇制造、观光基地，加强区域产业协作，壮大游艇产业集群；将厦（门）漳（州）泉（州）地区打造成为亚洲最大的集游艇制造、产品研发为一体的游艇产业基地，将福州、宁德、莆田打造成为海峡两岸和国际上知名的邮轮游艇基地"，说明福建省发展海洋体育有了明确的方向。

（四）广东省海洋体育运动项目发展现状

广东省濒临南海，全省大陆岸线超过 400 km，居全国首位；岛屿面积 1500 多平方千米，居全国第三位；海域总面积近 42 万 km^2，拥有多样的海岸类型和丰富的海洋体育旅游资源。《广东省推进粤港澳大湾区建设三年行动计划（2018—2020 年）》提出发展邮轮游艇旅游，支持利用大湾区海岸线资源发展帆船、冲浪、海钓、潜水等滨海体育休闲项目。联合港澳打造一批国际性、区域性体育品牌赛事。粤港澳大湾区海洋休闲进入政策红利释放期，加上经济持续稳定增长的叠加效应，大湾区海洋体育休闲时代已经来临。同时各地方利用自身的环境特点，开发和设置了海域游泳、海水浴、日光浴、沙浴、泥浴、近海休闲潜水、高尔夫运动、游艇等海洋体育休闲项目。这些大型的节庆活动的举办，为宣传滨海体育休闲和带动人们参与滨海体育休闲活动起到了极大的推动和促进作用。

（五）海南省海洋体育运动项目发展现状

2010—2012 年，中国体育旅游博览会连续三年在海南省隆重举行，该博览会融入了极大的"海洋色彩"，潜水、帆船帆板、游艇、冲浪、沙滩排球、空中悬挂滑翔机等海洋体育项目悉数登场，无不彰显出海南开发海洋体育旅游产业的先天优势和巨大潜力。海南在打造、策划大型海洋体育赛事中走在前列，如横渡琼州海峡、各种帆船帆板及潜水赛事，还与国际摩托艇联合会合作举办水上世界顶级赛事，为中国海洋体育的宣传推广制造声势，让全世界对我国体育旅游海洋资源有了全面的了解和认识，培养大众参与海洋体育的意识，提高国际游客的吸引力。

二、海洋趣味运动

海洋趣味运动是一类与海洋有关的、将趣味和运动相结合的体育活动。如今，海洋趣味运动已经逐步走向成熟，各种不同种类的海洋趣味运动相继为人们所熟悉。从最初的传统体育运动会开始，相继出现沙滩、滩涂、水上等趣味运动会，水下趣味运动会也已进入人们的视野。

(一) 什么是海洋趣味运动会

海洋趣味运动会可以定义为在海边开展的普通运动会，它与普通趣味运动会的不同之处在于，它的地点是在海边，项目是与海洋、沙滩、滩涂等相关的趣味运动会。

海洋趣味运动会项目的设置均有浓郁的地方气息。在海边可开展的活动很多，如沙滩排球、冲浪等。这里跟大家介绍几项具有浓厚海洋气息的项目，如渔家乐、沙滩捡花蛤、沙滩爬船网、拖拉沙橇、海涂趣味三项、滩涂速滑等。

(二) 如何开展海洋趣味运动会

海洋趣味运动会如何开展呢？首先，运动场地要选择拥有沙滩、滩涂的海边；其次，项目设置要注意安全、趣味性强、操作简单，尤其是安全方面，一定要做好各项预案，以防发生意外；最后，器材准备要充分。下面简要介绍几种趣味项目竞赛。

1. 渔家乐

每队 3 名队员按顺序站于起点，听到口令后，第 1 名运动员跑到 30 m 处"码头"解开缆绳，再跑到船中央将篷升至桅杆顶端，将绳索系在桅杆上，然后跑回起点；第 2 名运动员跑到 30 m 处船上将渔网撒向"渔场"，捕完鱼后跑回起点；第 3 名运动员跑到 30 m 处船上将缆绳抛向 5 m 处码头上的固定桩头，抛完后将船上的鱼货挑到起点比赛结束。各队一次机会，用时少的队名次列前，如两队成绩相同则名次并列。

若绳索未在桅杆上系牢导致篷下滑，成绩加时 2 s；捕到 6 条鱼以上即可进行下一个环节，每少捕 1 条鱼，成绩加时 1 s；抛缆绳套中桩头后可进行下一个环节，未抛中桩头，成绩加时 2 s；挑鱼货必须用肩挑，其他方式均为犯规，不计成绩(图 5-1)。

2. 沙滩捡花蛤

每队 4 名运动员，每队起点处平行放置长 1.5 m、宽 0.1 m 踏板两块。每名队员分别将左右脚平行置于左右踏板绑带内，前后依次站立。第 1 名队员手提塑料桶，其他队员做好准备姿势；听到口令后，4 名队员左右脚同步向前行进 50 m 越过终点线，队员退出踏板在规定区域内捡花蛤，全队捡花蛤 100 粒放入桶内，然后带桶用同样的方式折返到起点，用时少的队名次列前。如两队成绩相同则名次并列（图 5-2）。

图 5-1 "渔家乐"比赛

图 5-2 沙滩捡花蛤

3. 沙滩爬船网

每队 4 名队员站在间距为 50 m 的起点，做好准备姿势，听到口令后，第 1 名队员向前行进，到 10 m 处先跨过 5 只栏架（每只栏架距离为 3 m）；再到 30 m 处开始攀爬船网（攀爬姿势不限，船网高为 3 m），越过船网落地；跑到前面钻过网洞（网洞直径 80 cm）再跑回到起点为该名队员比赛结束，第 2 名队员马上进行，依此类推，直至最后一名队员完成全程。用时少的队名次列前。如两队成绩相同则名次并列。

未越过栏架、钻过网洞、攀爬船网中途落地重新开始，计时不停表。

船网高度离地约 3 m，比赛时允许运动员戴手套，其他辅助器材一律不得使用。

4. 拖拉沙橇

每队 3 名队员，1 名运动员坐在沙橇上，另 2 名运动员用绳索拉着沙橇站在起点，听到口令后将沙橇拉到 50 m 处，用时少的队名次列前，如两队成绩相同则名次并列。

如拉的途中坐在沙橇上的人掉落，须在掉落处重新坐到沙橇上才能继续比赛。以沙橇尾部过终点线为准。拉绳索姿势不限（图 5-3）。

5. *海涂趣味三项*

每队 4 名队员自由排列站在起点线上作好准备，听到口令后，先由第 1 名队员滑"泥马"到 20 m 处；把"泥马"停放在规定区域后，爬过长 8 m、宽 3 m、高 0.5 m 的匍匐区继续向前 20 m，进入抛击区；运动员把网内 5 个球抛入 4 m 处的大桶内，抛完后直接跑回"放泥马处"、再滑"泥马"到起点，把"泥马"交给第 2 名队员。依此类推……直到最后一名通过终点比赛结束。用时少的队名次列前。如两队成绩相同则名次并列。

比赛中必须要滑"泥马"前进，出现犯规每次罚加 10 s，并在犯规原地处重新调整后，方可继续比赛。抛球没有入桶，每球罚加 10 s（图 5-4）。

图 5-3　拖拉沙撬

图 5-4　海涂趣味三项

6. *滩涂速滑*

每队 4 名运动员按 1~4 号顺序排列在比赛场地的起跑线上，第 1 名队员扶"泥马"，一脚踏在或跪在"泥马"小船上，另一脚踩在滩涂上，在起跑线后作好准备，听到口令后，单脚用力蹬地滑"泥马"行进到 50 m 处，绕过杆子返回到起点，把"泥马"交给第 2 名队员……依此类推，直到最后一名队员完成全程比赛结束。每队一次机会，用时少的队名次列前。如两队成绩相同则名次并列。

比赛必须单脚滑"泥马"前进，不能采用其他任何方法，如犯规每次罚加 10 s。

三、帆船运动

帆船是水上运动项目之一。帆船运动中，运动员依靠自然风力作用于船帆上，驾驶船只前进，是一项集竞技、娱乐、观赏、探险于一体的体育运动项目。它具有较高的观赏性，备受人们喜爱。现代帆船运动已经成为世界沿海国家和地区最为普及而喜闻乐见的体育活动之一，也是各国人民进行体育文化交流的重要内容。

(一)帆船航海知识

1. 观察天气

在接触帆船运动前，船员需要最先学到的知识之一就是观察天气。因为天气一直在不停地变化，即使是今天的风向与昨天完全一样，波浪和风速也肯定是不一样的。所以，优秀的帆船运动员需要具备的一项重要素质就是识别不同天气的征兆。当然也可以通过大量的信息来源了解天气状况，如报纸、收音机、电视、互联网等。关于风速和风向的信息来源，最全面、最精确的是海洋天气预报和航空报道。

预测天气的最好工具之一就是气压计，它可以反映出大气气压的变化。当气压计指数升高时，表示天气晴朗，航行条件良好。当气压计指数降低时，表示天气恶劣。天气预报通常会有气压报道，指示是升或降。

不利于航行的天气，往往会有以下征兆：①云层越来越厚，天越来越黑；②风速突然变化；③风向突然改变；④附近和远处都有闪电；⑤远处有雷声；⑥狂风阵阵。如出航前，发现天气有上述变化，千万不要出海航行。

2. 观察潮汐和涌流

潮汐和涌流对航行的每一方面都有影响，尤其是停靠码头、泊船和转向。潮汐是地球和月亮之间因万有引力引起海水垂直运动而形成的。涌流是由潮汐引起的海水水平运动形成的，或是由于海水由高处流到低处形成的。潮汐每天定期形成，潮汐和涌流都受水深影响。深水将增加潮汐和涌流的速度，浅水则反之。我们可以通过特定的指示物来判定涌流的方向和速度。如随海水飘动的棍子，或是在码头或固定浮标旁形成的旋涡，都是很好的指示物。通过观察海水在某一处沙滩或在某一特定用作观测的木桩处的上升或下降，可以看到潮汐的垂直运动。

3. 航行着装

海上风云变幻，航行者随时都会遇到无法预料的突发状况，所以正确的着装和装备就显得尤为重要。

(1)衣服选择。操作帆船需要很多动作，应穿着宽松的衣服，以拥有足够运动空间。夏天，穿轻而透气的长袖衣服，且以浅色为宜。带领子的衣服可以保护颈部，长袖衣服可以保护胳膊免受暴晒。在行李袋里多携带几件衣服，以便在气温较低的时候添加衣服或被水打湿后更换衣服。救生衣是航海必备装备，救生衣应该合身，且有质量保证。

(2)帽子和太阳镜选择。夏天,戴帽子可以遮阳,以便保护眼睛,并使头部免受阳光照射。冬天,戴帽子可以使头部保暖。太阳镜必须具备防紫外线功能(至少可阻挡90%的紫外线),偏光镜能极大地减缓水面光线带给人的炫目感。经常涂抹防晒霜以保护裸露在外的皮肤,即使在阴天也应涂抹。

(3)鞋子选择。必须穿防滑鞋,以便能够在湿滑摇晃的甲板上站稳。航海专用鞋是最好的选择,因为这种鞋鞋底的摩擦力很大,属速干类型。此外网球鞋也是一个不错的选择。冬天,应选择防水航海长靴,使脚保持温暖和干燥。

(4)护具选择。航行时,需戴航海手套,防止手被擦破,同时还能增加手与所握装备的摩擦力。在冬天,最好戴防水手套。

4. 身体状况

任何的运动乐趣都是建立在良好的身体条件基础上的,航行中的调帆、压舷、调整帆船的航行状态都会消耗大量体能。航行之前,要积极热身、活动关节、拉伸韧带,做好各项准备,运动强度安排应该符合自身身体状况。

耐力和注意力跟营养的摄入有直接关系,一个帆船运动员每天需要摄入超过约12.56 kJ(3000 cal)的热量,平衡的饮食是完成水上运动的基本保障。合格的饮食应是蛋白质、碳水化合物、脂肪、膳食纤维维生素、微量元素和水的合理搭配。为防止脱水,建议运动员在出海前和航行时及时补水。

(二)帆船结构

帆船一般为单帆或多帆,多帆单桅帆船比较常见,一般包括主帆和前帆。帆船船体器材主要包括帆、桅杆和索具。桅杆起到支持船帆的作用。桅杆与船体的连接索称作支桅索。桅杆与艏部的连接索称作前桅支索,桅杆与艉部的连接索称作后桅支索。用来操作帆的索具称作操作索具,它们包括:主缭索、前缭索、后角索、主帆升降索、前角索以及斜拉器等。

1. 船体

帆船的主体结构包括:甲板(船体表面的区域);船舱(人在船上的活动区域);艏部(船体的前半部分);船位(船体的下半部分);艉部(船体后部的平面);龙骨(固定的大的梁或金属片,位于船体下面,提供帆船极大稳定性,防止船侧移);稳向板(保持船体稳定性,让帆船在正常直线行驶中用来减小横移力和增进前进力);舵(帆船装置附件,用来保持和改变控制航向);舵柄(控制舵的操作杆)。

2. 桅杆

桅杆主要包括:主桅(帆船上的主要装置之一,帆船主要依靠帆受风航行,而帆又必须依附于桅杆上才能扬帆远航）；横撑（小的杆或棒，防止横桅碰到主桅和保持帆形）；帆杆（水平铝杆，固定支撑主帆底部）；球帆杆（小的杆或棒，用于固定帆形）。

3. 帆

（1）艏部三角帆：三角形的前桅帆。

（2）主帆：帆船上主要装置，通常是最大的帆，提供最大动力。

（3）球帆：只用于大横风或顺风的一个加速帆。

4. 滑轮组

帆船上常用的动力器材，操控人员通过很小的力就可对帆船上的机械进行操纵。

5. 索具

索具是帆船的"筋脉"，主要作用是连接船体各个部分。

（1）桅索：电线或绳索，固定与主桅，并向上支撑横撑和主桅间的三角。

（2）侧支索：固定桅杆，调整桅杆的后倾度，控制桅杆横向倾度。

（3）固定索具：一系列电线装置，紧系主桅。

（4）活动索具：升降索、控帆索等，控制帆的绳子的合称。

（三）帆船操作

1. 右舷风航行

当风从船的右舷吹来，即是右舷风航行。舵手坐在右舷位置，而帆和横杆会被风吹向左舷。

2. 左舷风航行

当风从船的左舷吹来，即是左舷风航行。舵手坐在左舷位置，而帆和横杆会被风吹向右舷。

3. 迎风偏转

当帆船在行驶中，舵手将舵推出，帆船会向上风转。

4. 顺风偏转

当帆船在行驶中，舵手将舵拉向身旁，帆船会向下风转。

5. 停船减速

当帆船接近目标浮泡，舵手可将主帆放松，船速自然减慢，帆船可利用余下的冲力靠近浮泡。当船到达浮泡，使船停定，将浮泡或锚绳拉上船并将船头拖绳接上。

（四）帆船水上实操

1. 登船

船员应该小步走到船的中央，以免船体过度颠簸。登船时，请牢牢抓住帆船的某个部位。如有人已在船上，应该在船中央，稳向板应降低以保持平衡。第一次航行时，应始终放低稳向板。

2. 就位

驾驶帆船、控制主帆并帮助保持船体平衡的人称作舵手。舵手应一直背朝下桁，面向帆，坐在船柄的最前端。舵手处于这个位置时，可以更好地观察帆、风向和波浪。使船柄延伸器可使舵手坐得更远离甲板。舵手应保证船上的每个人都穿着救生衣并遵守安全程序。

3. 驾驶

驾驶方法一：依靠舵柄驾驶。

若想让帆船向某个方向运动，只需向相反的方向推拉舵柄即可。移动舵柄向右，则船左转；移动舵柄向左，则船向右转。转向风的方向称向上风，转离风的方向称向下风。驾驶时，舵手的双手应握在一起，并不时地观察帆和船前波浪和风的情况，同时在帆杆下观察从下风向到来的船只。

驾驶方法二：依靠体重驾驶。

除了利用舵，舵手也可以通过帆和自身的体重来驾驶帆船。不妨试着将舵固定在中线上，首先将身体重心探向上风向，然后向下风向，来改变帆船运动方向。

驾驶方法三：利用平衡原理。

根据平衡原理，舵手可以仅通过帆而不使用舵就可驾驶帆船。帆船的运动是一个合力作用的结果，不是所有的力都朝向一个方向，还有水中作用稳向板和舵所产生的反向力。主帆和三角帆产生的力将使船向前或向侧面移动。当所有这些力处于平衡时，帆船将沿直线前进。如果不平衡，帆船将转向。这就是为什么舵手可以通过控制主帆和前三角帆的松紧来驾驶帆船。随着驾驶技巧的增长，舵手可以越来越熟练地利用平衡原理来获得最佳的行驶效果，并完成更高级的动作。对一般爱好者而言，只需要知道平衡原理有助于解释在帆船上所出现的一些情况即可。

4. 启动和停止帆船

掌握帆船技巧的第一步就是学会启动和停止帆船。启动帆船时稳向板必须在下面，主舵柄应放在中间，再将帆收得足够紧，以便使空气在帆两边均匀流过。舵与帆的调节使上风和下风的风向平衡地向后摆动。向前驾驶，开始航行。

帆船的停止和启动一样。第一种方式是松帆，直到帆顶着风失去动力，帆完全顶着风可以使人处于安全位置。一旦处于安全位置，就可以替换船员，调整装备，或者仅仅是停下来休息。第二种方式是调转船头，让船头直接朝向风。帆船在码头附近时，这种方式被优先考虑，如图5-5所示。

图 5-5　帆船驾驶

四、海洋冲浪

海洋冲浪是冲浪运动员站立在冲浪板上，或利用腹板、跪板、充气的橡皮垫、划艇、皮艇等驾驭海浪的一项水上运动。不论采用哪种器材，运动员都要有很高的技巧和平衡能力，同时要善于在风浪中长距离游泳。

(一)海洋冲浪运动的发展

海洋冲浪运动代表了一种基于冲浪的多元文化。有些人将冲浪作为一种娱乐活动，而另一些人则把冲浪作为他们生活的中心焦点。在美国，冲浪文化在夏威夷和加利福尼亚地区最受欢迎，因为这两个州的海岸线提供了最佳的冲浪条件。早在1778年，英国探险家 J. 库克船长在夏威夷群岛就曾见过当地居民从事这种运动，1908年后冲浪运动传到欧美一些国家。1960年后传到亚洲。近一二十年冲浪运动有较大发展，北美地区、秘鲁、夏威夷、南非和澳大利亚等沿海地区都曾举行过大型的冲浪运动比赛。在20世纪60年代，冲浪运动在加利福尼亚流行起来，这之后它随即在美国流行文化中占据了重要地位，冲浪运动逐渐成为美国青年最重要的休闲娱乐活动之一(图5-6)。

图 5-6　冲浪运动

(二) 冲浪板种类

冲浪者最初使用的冲浪板长 5 m 左右，重 50~60 kg。二战后，出现了泡沫塑料板，板的形状也有改进。现在用的冲浪板长 1.5~2.7 m、宽约 60 cm、厚 7~10 cm 不等，板轻而平，前后两端稍窄小，后下方有一起稳定作用的尾鳍。为了增加摩擦力，在板面上还涂有蜡质的外膜。全部冲浪板的重量只有 11~26 kg。具体分为以下几种。

(1)长板：长度 2.7 m(9 ft)以上，适合初学者。

(2)短板：长度 2.1 m(7 ft)以下，属于技术型浪板。

(3)枪板：窄又长，主要用在风大浪急的夏威夷海域。

(4)软板：机动性强，不受浪头大小限制，适合初学者。

(5)浮筏板：板面宽大，速度转变较慢，适合初学者趴在浪板上练习用。

(6)人体冲浪：不利用任何工具，人体在较浅海边，浮于水面，随波浪起伏而推进。

(三) 海洋冲浪技术

1. 划水

抬头、挺胸、目视前方，双手沿着冲浪板两侧划水，手从最前划到最后。注意双手手指要并拢。根据个人的体重和冲浪板的大小，需要调整身体在冲浪板上的位置，脚趾靠近板沿即可。练习者在划水时沿着板的两边向后拨水，伴随呼吸节奏一左一右地进行。双臂划水时不要将手臂打开划水，否则会大幅度降低划水效率。划水是冲浪最基础的技巧，应当把大部分精力集中用于练习此项技术，划水技术的好坏直接影响到冲浪者能否抓到浪。

2. 起身

等到浪来时，划水成功的练习者，感觉到冲浪板向前推进且速度加快时，准备开始起身。冲浪者用手掌找到肋骨，然后将手掌平放于冲浪板两侧(具体位置在肋骨两侧)，此时撑起身体。

3. 起乘

等到速度快起来就可以"起乘"了：手臂发力，撑起身体；跳跃到冲浪板上，双脚保持与肩宽，挺直脊椎；膝盖微微弯曲，以形成缓冲，让自己能够在冲浪板上站得更加稳定。

4. 转向

走到板尾，后脚在尾舵的正上方或尾舵的前方半步左右位置；身体略微向后偏移，重心放在后脚上；头部转向冲浪板转弯方向，以头部带动肩膀，以胯部带动双脚控制冲浪板转向。将冲浪板转向反方向时，依照转弯动作要点将身体转向反方向即可。转弯后回到冲浪板中心位置即可继续冲浪。

(四) 海洋冲浪注意事项

与所有参与水上运动的选手一样，冲浪者也存在溺水的风险。各年龄段的人都可以学习冲浪，但至少应具备中级游泳技能。冲浪者应该小心翼翼地留在较小的海浪中，直到他们掌握了处理更大或更具挑战性海浪所需的先进技能和经验。然而，即便是世界级的冲浪者也会在极具挑战性的条件下遭遇意外。所以冲浪是一种极具冒险的运动。

(1)携带冲浪板行进遇到转弯时应注意其他行人；放在地上时注意轻放；风很大时将冲浪板摆在沙地上要将沙子盖在冲浪板上，避免板被风吹走。

(2)拿着冲浪板走向海边时，方向应与冲浪板平行，千万不可把冲浪板放在身体前面，防止海浪撞击浪板打到自己的身体。

(3)冲浪板由外海被冲回岸边距离水深约30 cm时，冲浪者应立即下板，避免冲浪板直接冲击到石头上。

(4)冲浪板跟海浪撞击时，千万不可用手去拉安全脚绳和冲浪板，以免手被拉伤。

(5)冲浪时，前后冲浪者之间的距离应保持两个冲浪板的长度。

(6)初级冲浪者应注意：下水前要检查装备，打好蜡块，仔细检查安全绳、救生衣；做好20 min的热身运动后，方可下海冲浪。

(7)冲浪起乘规定是以最靠近海浪崩溃点，且该冲浪者是第一个站立起来的，此时旁边的冲浪者都要停止冲浪，以免发生事故。若发生事故，之后的抢浪者要负全部后果和赔偿责任。

（8）冲浪者遇到的浪形以中间崩溃点往两边斜面推进的海浪为最好；最危险的浪是一排涌起、瞬间崩溃的海浪，此时冲浪者须上岸休息。

（9）在沙滩上做热身活动时，海风较大，应迅速绑好安全脚绳，身体要站在顺风方向的前缘，免得被自己的冲浪板打到受伤。

（10）在海中冲浪时如果看到水母或被其蜇到，应赶快上岸休息、治疗。

（11）在外海冲浪时最靠近第一个起浪区的冲浪手，如果有一道疯狗浪从上方整排盖下来时，要迅速把冲浪板往后丢，赶紧拨水潜水躲藏。

（12）在冲大浪时，最前面的冲浪手跟旁边或中间或后面的冲浪手，都要保持3个浪板的安全距离，避免疯狗浪盖下来时，大家的冲浪板和安全绳缠在一起。

（13）冲浪手一定要遵守冲浪起乘规则，一个人一个浪，谁最靠近浪壁起乘点就先站起来，此时在旁边竞争的冲浪手应迅速刹车或抽板停止冲浪。

（14）初学冲浪手要加强手部划水训练、体能训练、脚部训练、水中前滚翻憋气训练。

（15）冲浪手想要继续提升技术水平，必须具备潜越浪技术，斗志要高，体力、肌肉力量要强。平时应加强练习，多跟冲浪高手交流，多观摩、多和同行切磋技艺。

（16）冲浪时如果遭遇往外海拉出去的海流时，只要以斜面方向跟着海流走，把握海浪即可，千万不要把安全脚绳丢掉用游泳的方式游回来，而是应趴在浪板上休息等待救援。

（17）如果遇到危险情况要及时拨打求助电话或是打出"SOS"警报。

五、沙滩足球

沙滩足球是一项很有吸引力的休闲运动项目，也是足球运动的重要组成部分。每队由5名队员组成，每场比赛有3个小节，每节比赛12 min，在替换队员方面没有人数限制。其比赛过程基本上都是短兵相接，攻防转换速度快，战术运用相对简单，所以，没有传统足球比赛那样"拖沓"，场面更激烈，可以尽享休闲运动带来的无穷乐趣。沙滩足球还是传统足球的一个重要组成部分，主要在体质训练方面对传统足球可以起到辅助作用。除了强化肌肉和关节机能外，踢沙滩足球还可以提高运动员的供氧能力（图5-7）。

图 5-7　沙滩足球比赛

(一)沙滩足球的兴起

沙滩足球比赛是 5 人制的赤足对抗赛,在沙地上进行。这项有趣的运动已经吸引了众多世界著名球星参加,而且沙滩足球的令人目不暇接的技术和海边美景,都是吸引年轻人的重要元素。沙滩足球世界杯由国际足联(FIFA)主办,首届于 2005 年 5 月 8 日至 5 月 15 日在巴西里约热内卢举行,冠军由法国队夺得,其在决赛以点球击败葡萄牙。此后世界杯每年举行一届。

沙滩足球是流行于欧美国家的体育运动项目,如今在亚洲及其他地区逐步开展,吸引了广大青少年和众多足球爱好者的参与。我国于 2008 年成功举办了第一届全国沙滩足球锦标赛。中国国家沙滩足球队 2006 年开始组建,聘请外籍主教练任教,参赛目标主要是亚洲沙滩运动会及世界杯的比赛。

(二)比赛用球

(1)采用国家标准 5 号球(即国际比赛用球)。

(2)气压:0. 6~0. 8 atm①。

(3)用球规则:由裁判员决定比赛用球,未经裁判员允许不得换球。

(三)场地规格

国际足联规定的正式比赛场地大小为 37 m×28 m,球门高宽为 5. 5 m×2. 2 m,在平行于球门线 9 m 交界于两侧边线的平行线设为罚球线。由于场地为沙滩而无法在里面标线,故罚球线为假设线,两端会设有场外标志标明。在罚球线的中点设一罚球点,

---

① 　1 atm 为一标准大气压,即 101. 325 kPa。

罚球线与球门线之间的区域为禁区。当然，中线同样也是假设线。

(四)比赛规则

比赛人数为每队首发 5 人(其中必须有一名守门员)，时间为 36 min 并分成三节。替补人数为 7 人，换人次数不限。但某些规则也是沙滩足球的首创，例如"三牌制度"，即黄牌、蓝牌、红牌。在一场比赛中，同一个队员第一次受警告裁判员出示黄牌，第二次受警告裁判员出示蓝牌，第三次受警告裁判员出示红牌(被罚出场)。得蓝牌警告的队员即停止比赛 2 min 离场坐在替补席上，这是借鉴了冰球比赛的规则。此外还有五秒发球制，即无论是死球后无论是界外球、球门球或者任意球等，都必须在 5 s 内将球发出，违者将视为超时违例被罚间接任意球。

(五)队员要求

(1)队员赤脚参加比赛，不得穿鞋，但允许穿短袜护踝或包绷带。

(2)队员须穿颜色相同的比赛服装(上衣和短裤)。上衣须有鲜明、清晰的号码。队员不得使用或佩戴可能危及自己或他人的装备或其他物品(包括各种饰品)。

(3)守门员的服装颜色必须有别于其他队员和裁判员。

(六)比赛时间要求

(1)比赛时间为 36 min，分三节，每节 12 min。

(2)每节中间休息 2 min。

(3)在每节比赛中，因换人、受伤治疗和其他意外等损失的时间应被补回。

(4)如果执行罚球点球或重新执行罚球，每节时间可延长至罚球点球结束。

(七)特别规定

(1)三牌制度，即黄牌、蓝牌、红牌。在一场比赛中，同一个队员第一次受警告裁判员出示黄牌，第二次受警告裁判员出示蓝牌，第三次受警告裁判员出示红牌离场。

(2)得蓝牌警告的队员即停止比赛 2 min，离场坐在替补席上。罚停时间到，经裁判员许可，该队员可在边线的中间地方重新进场参加比赛(可在死球或比赛进行中进场)。被罚停 2 min 的时间在一节比赛未完成，将延长至下一节比赛执行，除非三节比赛全部结束。

(3)5 s 发球要求。在一方罚任意球、点球、界外球、球门球、角球的时候，必须在 5 s 内将球发出，违者将视为超时违例被罚由对方在原地点罚间接任意球；如果是掷界外球、踢角球超时违例，则被罚由对方在原地点掷界外球。这一时间限制也适用于守门员在比赛进行中持球不能超时 5 s，违者也被罚由对方在原地点罚间接任意球。

(4)5 m 距离要求。在一方罚任意球、点球、掷界外球、球门球、角球的时候，对方队员必须退出 5 m 以外的距离，违者将被视为不正当行为，被处以警告，由发球队按原来状态重新发球。

(八) 点球决胜程序

点球决胜是根据有关的竞赛规程的要求，当比赛打成平局后需要决出胜队时而采用的一种方法。其程序如下。

(1)裁判员选定踢点球的球门。

(2)采用掷硬币方式确定其中一方先踢。

(3)第一轮两队各三名队员轮流踢一次，如果进球数相同，则双方一对一轮流踢，直至有胜负结果为止。在轮流踢的时候，未踢过的队员先踢。

(4)如仍成平局，则进行第三轮，全部是双方一对一轮流踢，以此类推，直至最后有胜负结果为止。

(5)经裁判员许可场上任何队员可同守门员换位置。

(6)点球决胜过程中不能换人。除非是守门员确实受伤，经裁判员许可可以由场外替补队员换人替换原守门员。

(九) 沙滩足球技巧

沙滩足球比赛因为是在厚厚的沙上进行，中长距离的直线传球几乎是谈不上高成功率，一个沙坑或者沙堆足以让奔向球门的球偏离路线。沙滩足球的技术中有句话叫"尽量让球飞起来"，就是为了控制球的运行轨迹，尽量采用空中传球，起中球或高球。这样一来，那些平时在草场足球比赛中受规则约束的球员们可以大胆做动作，如"空中平行传球"、倒勾射门或解围等。只要头脑灵活、视野开阔、有想象力，依然可以继续控球和传球，而绝对没有在草地或硬地被擦伤的担忧。一些近距离任意球战术配合中经常可见这样的场面：一个队员起球到半空，另一个队员瞄准防守方的空当凌空抽射，观赏性极强。

另外，在沙滩足球比赛中，若球员身材高大，且对沙地适应能力较强，当起跳时机及腿部弹跳力运用得较好时，头球就是很好的进攻得分手段。

六、沙滩排球

沙滩排球，简称"沙排"，是风靡全世界的一项体育运动（图5-8）。沙滩排球比赛场地包括比赛场区和无障碍区。比赛场区为16 m×8 m的长方形。场地边线外和端线外的无障碍区至少宽5 m，最多6 m，比赛场地上空的无障碍空间至少高12.5 m。

图5-8　沙滩排球

(一)沙滩排球兴起

沙滩排球起源于20世纪20年代的美国。大多数人认为加利福尼亚州的圣莫尼卡是沙滩排球的发源地。当时人们玩沙滩排球是为了娱乐的消遣。头顶蓝天，沐浴阳光，人们光着脚板在金色、柔软的沙滩上，尽情地跳跃、滚翻、流汗，享受着美妙的时光。随着时代发展，沙滩排球以其自身特有的魅力越来越受人们的青睐。最初，沙滩排球虽然是娱乐、健身的项目，但已具有相当的规模。沙滩排球的热潮在传遍全美之后穿越大西洋传入欧洲；后来逐渐风靡南美洲的巴西、阿根廷以及大洋洲的澳大利亚和新西兰。当时的比赛是三对三、四对四，在圣莫尼卡还首次出现了两人制男子沙滩排球。90年代，首届两人制男子沙滩排球正式比赛在美国加利福尼亚的国家海滨浴场举行。1993年，沙滩排球被确定为奥运会正式比赛项目。1996年，沙滩排球在诞生70年后，终于被纳入奥运会。进入奥运会后的首次沙滩排球赛于7月2—28日在亚特兰大沙滩上举行。从此沙滩排球运动进入新纪元。

(二)沙滩排球比赛规则

沙滩排球的基本规则、场地大小、排球大小、得失分和交换发球权等方面与室内排球运动基本一致。细洁柔软的场地，长宽各为16 m和8 m，但场内没有发球区和前后排的限制。一般采用三局两胜制，每局握有发球权一方才能得分，先得 21 分者赢得一局。如果双方打成 20∶20 平分时，净胜 2 分的一方才能获胜。

国际排联组织的两人制沙滩排球比赛，其比赛规则与室内排球比赛规则有若干不同之处。

(1)一个队由两名队员组成。每队的两名队员必须始终在场上，没有换人。当发球队员击球时，除发球队员外，双方队员必须在本场区内，可随意站立，没有固定的位置，没有位置错误或轮转错误，但有发球次序错误。一局比赛每队首次发球时，记录员提示发球次序，比赛中，提示员应展示发球队员 1 号或 2 号的号码牌，指明该队的发球次序。记录员发现发球次序错误，应在发球击球后立即通知裁判员。

(2)每队最多可击球三次，拦网触手也计一次击球，第三次击球必须将球从球网上空击回至对方场区。

(3)队员不得用手指吊球的动作来完成进攻性击球。

(4)队员用上手传球完成进攻性击球时，传球轨迹不垂直于双肩连线，即犯规。

(5)用上手传球防守重扣球时，允许球在手中有短暂的停滞。当双方队员网上同时触球时可以持球。

(6)在不妨碍对方比赛的情况下，允许队员穿入对方空间、场区和无障碍区。

(7)任何队员在本场区空间都可以对任何高度的球进行进攻性击球。

(8)每局比赛中，每队最多可请求 4 次暂停，每次暂停时间为 30 s，任一队员都可向裁判员提出暂停请求。

(9)在任何方式的比赛中，当双方得分同为 5 分时，由记录员通知裁判员，随即双方交换场区。交换场区时可给球队最多 30 s 的休息时间。但三局两胜制的决胜局交换场区时，没有休息时间。

(10)三局两胜制比赛时，所有局间休息时间均为 5 min。

(11)队员在比赛过程中受伤，可给予 5 min 的恢复时间，但一局比赛中最多给予同一名队员两次恢复时间。队员 5 min 内没有恢复或一局内同一名队员超过两次恢复时间，则宣布该队为阵容不完整。

(三) 比赛胜负制

沙滩排球比赛采用三局两胜制。

(1)在前两局中，由先得 21 分并领先 2 分的队赢得该局，比分无上限。若比分为 21∶20，则要至 22∶20 才获胜。

(2)决胜局(第 3 局)：先得 15 分并领先 2 分的队获胜。若 14∶14 平手时，再继续比赛，并至少领先 2 分(如：16∶14 或 17∶15 或 30∶28)为获胜，无最高分限制。

(3)前两局，双方得分之和为 7 的倍数时，双方交换场地；第 3 局双方得分之和为 5 的倍数时，挑边；在第 1 局或第 3 局(决胜局)赛前进行，胜者可选择发球或接发球或场地。

(四)场地设备要求

1. 比赛场地

分比赛场区和无障碍区。比赛场区为长 16 m，宽 8 m 的长方形，其四周至少有 3 m 宽呈长方形对称的无障碍区，从地面量起至少有 7 m 的无障碍空间。国际比赛的场区边线外的场区至少 5 m，端线后至少 9 m，上空的无障碍空间至少 12.5 m。

2. 比赛场地的场区

比赛场区：由中线的中心线分为长 8 m、宽 8 m 的两个相等的场区。

(1)前场区：每个场区各划一条距离中线中心线 3 m 的进攻线(其宽度包括在内)。中线与进攻线之间为前场区。

(2)换人区：两条进攻线的延长线之间，记录台一侧边线外的范围为换人区。

(3)发球区：在两边的端线外，两条边线的延长线上，各划两条长 15 cm，垂直并距离端线 20 cm 的短线，两条端线之间为发球区。发球区的长度延至无障碍区的终端。

(4)准备活动区：在两个无障碍区外的替补席远端，划 3 m 见方的区域为准备活动区。

3. 比赛场地的要求

比赛场地的地面是水平的沙滩，必须至少 40 cm 深，其中没有石块、贝壳及其他可能造成运动员损伤的杂物。比赛场区上所有的界线宽为 5~8 cm，界线与沙滩的颜色需有明显的区别，并且由具有弹性的带子区分。

4. 比赛的器材与设备

器材除规定的网柱、球网、标志带、标志杆和比赛球外，还有以下设备。

(1)球队用的长椅：长度至少应能坐 9 人。

(2)记录台：一般坐两个人，即一名正式记录员、一名辅助记录员。国内比赛一般只有一名记录员和一名广播员在记录台就座。

(3)裁判台：要能升降；下部要用防护套包好，以防队员救球时撞到裁判台而受伤。

(4)量网尺：长度不低于 2.50 m，并在男子网高 2.43 m 和女子网高 2.24 m 处画标记，同时在这两个高度上方 2 cm 处另做标记。

(5)气压表：用来测量比赛球的气压。比赛球的气压为 40~45kPa，所有比赛用球的气压必须一致。

(6)比赛用球和球架：要求将 5 只比赛球放到球架上，比赛采用三球制。

(7)计分器：能显示双方的比赛分数、双方的暂停和换人次数。

(8)换人牌：为 1~18 号，两侧的颜色最好有区别，并用盒子装好。

(9)小毛巾：至少需要 10 块供捡球员使用的小毛巾，毛巾最小为 4 cm 见方，最大为 40 cm×80 cm。

(10)气筒：球压不足时，供充气用。

(11)蜂鸣器：供教练员申请比赛暂停用。

(12)表格：包括记录表、位置表、成绩报告单和广播员用表等。

(五)非技术性规定

1. 队员的服装

队员的服装包括上衣、短裤和运动鞋。上衣、短裤和袜子必须统一、整洁和颜色一致。国际比赛中，全队队员鞋子的颜色必须一致，但商标可以不同。上衣的号码必须是 1~18 号，号码的颜色必须与上衣明显不同。身前号码至少为 10 cm 宽，身后号码至少为 15 cm 高，号码笔画宽度至少为 2 cm。

2. 禁止佩戴的物品

禁止佩戴可能造成伤害及有利于人为加力的物品。可以戴眼镜参加比赛，但所引起的后果一切由个人负责。

3. 参加者的基本权利

队长、教练员、队员都有其相对应的权利。

(六)技术性规定

(1)发球。发球队员必须在第一裁判员鸣哨 5 s 内，将球抛起或持球手撤离，在球落地前，用一只手或手臂的任何部分将球击出。如球未触及发球队员而落地，则被认为是第一次发球试图。在发球试图后，第一裁判员应及时鸣哨允许再次发球，发球队员必须在再次鸣哨后的 3 s 内将球发出。发球队员在击球时或击球起跳时，不得踏及场区(包括端线)或发球区以外的地面。击球后，可以踏及或落在场区内或发球区以外的地面。在每次发球时都允许有一次发球试图。

(2)队员的场上位置。在发球队员击球时，双方队员必须在本场区内各站两排，每排 3 名队员。发球队员不受场上位置的限制。队员的位置据其脚的着地部位来判定。在发球队员击球的一刹那，场上队员脚的着地部位必须符合其位置要求。在发球后，队员可以在本场区和无障碍区的任何位置上。

（3）网下穿越。在不妨碍对方比赛的情况下，允许队员在网下穿越进入对方区域。允许队员的一只脚或双脚越过中线触及对方场区的同时，脚的一部分还接触中线或置于中线上空。除脚以外，不允许队员身体的任何其他部分接触对方的场区。在比赛中断后，队员可以进入对方场地。

（4）触网。新规则规定：触网视为犯规，但队员在无击球意图的情况下，偶尔触网不算犯规。

（5）进攻性击球。指发球和拦网外的其他所有向对方的击球。前排队员可以对任何高度的球完成进攻性击球，但触球时必须在本场地空间。后排队员则允许在后场区对任何高度的球完成进攻性击球，但起跳时脚不得踏及或越过进攻线，击球后可以落在前场区。

（6）拦网。只有前排队员允许完成拦网，后排队员不得完成拦网。

（7）比赛中的击球。队员的身体任何部位都允许触球。但球必须被击出，不得接住或抛出，球可以向任何方向反弹。队员若违反上述规定，则判定为持球。球必须触及身体的不同部位。若球先后触及队员的不同部位，则为连击犯规。

七、海钓运动

海钓是休闲也是运动，既刺激又富有乐趣，还能锻炼身体。海钓在欧美发达国家已有上百年的历史，与高尔夫、马术和网球被列为四大"贵族运动"之一。中国海岸线绵延 18000 多 km，海鱼品种众多，常见的有 70 多种，但并非所有的海鱼都适宜海钓，主要对象有黄鱼、鲈鱼、鳕鱼、海鲶、带鱼、石斑鱼、鳗鱼、黑鲷等。

（一）海钓运动的兴起

海钓运动兴起于 20 世纪 60 年代拉丁美洲的加勒比海地区的海洋游钓。在短短的时间内，这项休闲运动迅速风靡欧美、亚太地区和一些经济相对较发达的沿岸国及地区，尤以海岸线长的一些工业发达国家盛行，并成为那些地区海洋产业中新兴的颇具效益的滨海旅游业。我国大陆海钓运动产业从 20 世纪末开始起步，目前海钓经济已经初现端倪，并逐渐成为海洋产业的一大发展亮点。随着海钓运动产业的发展，我国学界开始关注海钓的理论研究。发展休闲渔业不仅能满足城镇居民垂钓、娱乐、休闲需求，对促进休闲渔业持续健康发展，对进一步拓展我国的渔业功能，转变渔业发展方式，提高渔业发展质量和效益，促进渔民转产转业，增加渔民收入，丰富城乡居民物质文化生活，全面建设小康社会都具有重要意义。

(二) 海竿抛投方法

海竿主要用于海钓，也可用于淡水钓。根据海竿的特点，有以下几种投抛方式。

(1) 上投式：两脚分开，脚往前站，身体重心偏至左脚，左手握线、坠。以40°~50°角右手挥竿，左手将线坠抛出。采用此法坠、线摆动幅度小，落点准确，简单易学。

(2) 斜投式：左脚后退半步，左肩后偏，双手同时握住海竿，竿与水平面呈45°角。左手食指压住鱼线，重心落在右脚，竿梢从右手方往前挥。鱼坠通过头顶时，放开鱼线，使钩坠自然落入水中。此法不易掌握，需多次反复练习，一旦熟练后则可投远，目标准确，操作方便，尤其适合海钓。

除此之外，还有侧投、单臂投、坐投、跪投等多种方式。

(三) 怎样选择海洋钓位

海洋自然环境复杂，海洋钓位的确定应遵循几项原则。

(1) 避免浅滩。浅滩上日光充足，大多数鱼类都有避光性，多于夜间和早晚在浅滩活动。

(2) 在海湾垂钓应选择滞水区。内海中的滞水区，包括河流入海口、生活码头、防波堤等。这些地方水底淤泥或沙石较多，水流缓慢、饵料丰富，一般鱼儿较多。

(3) 岩礁垂钓应选面向海潮冲击的一面。海潮冲击带来丰富的浮游生物，与岩石撞击时又会产生丰富的氧分，海潮冲击面是理想的钓点。

(四) 矶钓钓位的选择

矶钓原指在大陆架延伸入海的山脉岬角、崖前及岩礁附近等沿海范围内进行的一种海洋垂钓活动或垂钓方式(图5-9)。随着近些年来海钓活动的发展，现代矶钓的位置选择由原来的岸边向海中岛屿、岩礁转移；并且因矶钓方法的不同而细分为重矶钓和轻矶钓。但万变不离其宗，钓位的选择正确与否则是矶钓的首要条件。

1. 岩崖矶钓的钓位选择

此种钓法其站位多选择在临海的岩崖之上。其钓具装备为多支远投钓竿，其抛线距离大都在六七十米以上。竿梢与海面基本成45°角，钓饵以抗海流冲击的海沙蚕为主。此种钓法在钓位、钓点的选择上，须掌握的最关键一点即找准"鱼道"。因临海岩崖多居高临下，茫茫沧海尽在视线范围之内，钓者凭肉眼即可观察找到钓点。

图 5-9　海钓

　　海鱼多栖息、游弋、觅食于水下暗礁及海生植物以及海流流经的边缘地域，对此，钓友可根据海水颜色变化及水下阴影确定钓位。整个海面的海水呈蔚蓝色，而部分海水呈零散的深蓝或黑蓝色，皆可确定为水下暗礁或海生植物的生长地域。而海面上所呈现的弯曲、宽窄不一的游动变化的条状"白带"，则是海流流经的区域范围。对此，岩崖矶钓的钓点选择应在上述所界定的地域、临界地域或海流活动的边缘地带。这种选择主要出于以下一些原因：一是水下暗礁及海生植物附近多生长与活动着牡蛎、小虾、小蟹等甲壳类动物，为鱼儿觅食提供了便利；二是暗礁之间多沟堑、缝隙及岩洞等，是鱼儿栖息及躲避天敌的避难场所。另外，海鱼多随海流游动，其周围水域的溶氧量较其他的水域充足，为海鱼的觅食活动程度提供了有利的先决条件。

　　2. 礁堡矶钓的钓位选择

　　此钓法的站位多选择在根据潮汐变化下落而露出海面的暗礁、礁堡之上。其钓具配备多为 1~2 支长矶竿。采用放线与海面呈 90°角的垂直钓法。但关键的一点必须是认真掌握潮汐变化时段，在最低落点施钓。

　　此种钓法的钓点选择应以深海沟、礁石之间的缝隙为主。并且要注重"走位钓法"，不可如岩崖矶钓般"固守"，要做到此处无鱼另寻彼处。边钓边向"纵深发展"，直达潮水下落的最低点（但不可冒险而进）。这种钓点的选择主要是因为，当潮水不断下落时，原来因涨潮淹没于水下的暗礁此时渐渐显露，可直观海面下形态各异的海沟、缝隙；另外，随着潮水的退去，浅海区的海鱼多在潮水退尽前纷纷游离原地而去深水区的深沟、缝隙处藏身，此时应是施钓的最佳时段。

　　3. 岛、礁矶钓的钓位选择

　　此种钓法因要求地理环境要有相应的客观条件存在，即沿海的一段距离内有岛或礁，并需用船只载送，故比之沿岸的岩崖、礁堡矶钓更为复杂。但因其远离陆路，少有人住，相对鱼情要好于沿岸，近年来此钓法比较盛行。

　　岛、礁矶钓的钓位选择，大多在海流流经的岛屿以及较大的兀立于海面上的岩礁之间。一是此种钓点的水深、沟汊较多，海流活动的范围较广，二是少有人前往，海鱼的密度较大，岛、礁又是各种海鱼的洄游"驿站"，凶猛海鱼多在此躲避风浪并为储备体能而觅食。对此，钓点的选择可根据钓法不同而有所差异变化。只是由于岛、礁地处深水区，故抛线距离相对要近许多，沟堑、缝隙也很易寻，较之沿岸矶钓要优越很多。钓点的选择与上述的沿岸岩崖基本相同，礁堡矶钓，只是岛、礁矶钓的站位多为礁丛嵯峨，相对范围较窄，尽量选择那些突兀海中，水面下似悬崖般的临海沟汊和大个暗礁的夹缝处为钓点。特别是对于选择轻矶钓的钓友来讲，要注重选择在突兀礁石海域周边处，边缘有泡沫状或浪花涌动处的半径 2 m 以外且略显平静的水域内，是最佳浮游矶钓钓点。如果岛、礁附近有大片沙滩，所站钓位又呈倒马蹄掌形内湾的钓位，那则是名贵鲷类鱼种的活动区域，切记不可错过。

4. 船钓钓位的选择

船钓因其惬意、刺激和施钓范围广，近年来十分盛行。对船钓的钓位及钓点选择应做以下考虑。

(1) 定位船钓钓点的选择。由于船钓时钓船受海流及风向影响，常难以稳定某一方位，时常在找准"鱼道"时，即被海流及风力拖离原点，故常采用抛锚泊定的办法，以免发生"跑位"。

这种船钓的钓位应选择在海面下有大的岩礁、海沟处，若不确定所处海面下是否为礁石区，以所执钓组的铅坠探测是一种方法，但需要丰富的海钓经验。另一种方法是，根据海中的岛屿走向及地貌形态来确定。如岛屿呈东西走向，岛西为悬崖，自西向东延伸入海，即可确定岛屿的南北夹角基本上为沟堑、暗礁群区，以此边缘地域为钓点抛锚定位，下钩处当有所获。

(2) 漂流船钓的钓点选择。漂流船钓，即不抛锚泊定而随海流漂浮钓。这种钓法的钓位大都选择在陆地与海中岛屿相邻的海域进行。因此处多是海流的频聚流动的必经之地，水下也多为海沟及礁区，海鱼便于避开湍急的海流藏身于此觅食。钓船随海流漂动施钓，钓点选择不受定位限制，如钓点恰好选择在海流边缘及海沟之中，此处多为大鱼藏身处，常有意外的惊喜与收获。

(3) 筏区船钓的钓点选择。海产品养殖筏区大多离岸 500～2000 m，筏区内的悬浮的玻璃或塑料制浮球及海面下的定位木桩，定位"沙袋"和筏缆长年经历风吹浪打海水侵蚀，形成沉筏，无形中造就成"人工礁区"，这些都给海鱼提供了栖身的场所。同时，随着附于筏架而活的海生物的繁衍，加之海底杂物的堆积，必使海鱼聚集于此游弋、觅食，下钩必有所获。另外，筏区内的"筏头""筏根"处等海底障碍物同样也有海鱼吞钩。特别是秋季的黑鲪、星鳗、虾虎鱼等，这种钓点绝不要轻易放过。

除上述钓点外，船钓的钓点如能找到沉船，对钓者来说更是"意外之喜"。那些年代久远的沉船如海底一座"城堡"，为大量的海鱼提供了栖身觅食的"根据地"，以前因缺乏先进的手段，沉船这样的钓点很难被发现。如今，实践经验丰富的钓者配备有各类定位系统及探鱼器等各种先进设备，沉船钓点已不再似从前那样神秘。

八、海上游泳

游泳是人在水的浮力作用下产生向上漂浮，凭借浮力通过肢体有规律地运动，使身体在水中有规律运动的技能。

(一)游泳的萌生及发展

人类游泳活动可追溯到远古时代，根据现有史料的考证，国内外较一致的看法是，游泳活动产生于居住在江、河、湖、海一带的古人，他们为了生存，逐渐学会了游泳。一开始，人类只是模仿，久而久之，便积累了各种水中行动技能，学会了漂浮和潜水，又衍生出多种泳姿。随着游泳运动的发展，游泳被分为实用游泳和竞技游泳两大类。实用游泳分为侧泳、潜泳、反蛙泳、踩水、救护、武装泅渡；竞技游泳分为蛙泳、爬泳、仰泳、蝶泳。海上游泳以休闲健身为主，一般采用实用游泳方法(图5-10)。

图5-10　海上游泳

(二)海上游泳泳姿介绍

1. 抬头爬泳动作介绍

(1)技术要领。采用抬头爬泳姿势时，身体要尽量保持俯卧的姿势，头部应自然稍抬，头露出水面，下颌接近水面，两眼注视前方，双腿处最低点，身体纵轴与水平面成30°~50°的仰角。抬头爬泳游进过程中，身体可以围绕身体纵轴做有节奏的转动。如果速度加快，角度就会相对减小。这种转动是由于划臂转肩而形成的自然转动。转动的作用有以下几点：便于手臂的出水和空中移臂，并缩短移臂的转动半径；有助于手臂在水中抱水和划水，使手臂划水的最有力部分更接近于身体中心的垂直投影面；由于臀部随身体轻度地转动，维持身体平衡。

（2）腿部技术。在抬头爬泳技术中，大腿动作除了产生推动力外，主要起着维持身体平衡的作用，它能使上肢抬高以及协调配合双臂有力地划水。爬泳时，腿的打水动作，应与水平面成30°夹角方向进行，两腿分开的距离为30~40 cm，膝关节弯曲的角度约为160°角。游进中，腿向上打水时，脚应接近水平；向下打水时，应超过身体在水中的最低部位。正确的打水动作是脚稍向内旋，踝关节自然放松，向上和向下的打水动作应该从髋关节开始，大腿用力，通过整个腿部，最后到脚，形成一个"鞭打"动作。向下打水的效果最大，应用较大的力和较快的速度进行；而向上打水则要求放松、自然，尽量少用力，并且速度相对要慢。从腿向上动作开始，当大腿带动小腿，从下直腿向上移至踝关节、膝关节、髋关节与水平面平行时，大腿稍向上而终止移动，并开始向下打水。当大腿开始向下打水时，由于惯性的作用，此时小腿和脚仍继续向上移动，而使膝关节弯曲形成较大角度（160°）。这使小腿和脚达到了最高点，由于大腿继续向下移动，而带动小腿和脚完成向下打水动作。当大腿向下打水到最低点并向上抬起时，小腿和脚与大腿仍保持一个角度，并继续向下移动打水，直至完全伸直，才随大腿向上移动，开始第二个循环动作，抬头爬泳时腿部打水动作幅度要比正常爬泳打水动作要大。

（3）臂部技术。抬头爬泳的臂部动作是推动身体前进的主要动力。它分为入水、抱水、划推水、出水和空中移臂等几个阶段，这几个阶段在划水动作中是紧密相连的一个完整动作。

①入水。手臂入水时，肘关节略屈，并高于手臂，手指自然伸直并拢，向前斜下方且插入水。注意手掌向外，动作自然放松。手入水的位置应在肩的延长线上，或在身体的中线和肩的延长线之间。入水的顺序为：手—小臂—大臂。手切入水后，手和小臂继续向前下方伸展，手由向前—向下—稍有向内的运动变为向前—向下—稍向外的运动。

②抱水。手臂入水后，应积极插向前下方，此时小臂和大臂应积极外旋，并屈腕、屈肘。在形成抱水的动作中，开始时手臂是直的，当手臂划下至与水平面成15°~20°角时，应逐渐屈肘，使肘关节高于手。在划水开始前，也就是手臂与水面成约40°角时，时关节屈至150°角左右。抱水动作主要为了划水做准备，因此是相对放松和缓慢的。抱水动作就好像用臂去抱个大圆球一样。抱水时，手的运动由向后—向下—向外的三个分运动组成。

③划推水。手臂在前方与水平面成40°角起，一直到与水平面成15°~20°角止的运

动过程都是划水动作。向后推水是通过屈臂到伸臂来完成的。在推水过程中，手是向外、向上、向后的运动。肘关节要向上、向体侧靠近，并且手掌始终要与水平面保持垂直。整个划推水过程，手掌的运动路线并不是始终在一条直线上和同一平面上，实际上是一个较复杂的三度曲线。在整个划水过程中，肩部应配合手臂进行向前、向下、向后的合理转动，这样有利于加长划水路线和加大划水力量。

④出水。在划水结束后，手臂由于惯性的作用而很快地靠近水面，这时由大臂带动肘关节做向外上方的"提拉"动作，将小臂和手提出水面。小臂出水动作要比大臂稍慢一些，掌心向后上方。

⑤空中移臂。臂在空中前移的动作是手臂出水的继续，不能停顿，移臂的动作应该放松自如，尽量不要破坏身体的流线型，要和另一臂的划水动作协调一致，并且要注意节奏。在整个移臂过程中，肘部应始终保持比手部高的位置。

2. 侧泳动作介绍

侧泳是身体侧卧在水中，头部露出水面，用两臂交替划水，两腿做剪水的动作游进。一般把侧泳称作安全泳姿，尤其是在着衣意外落水或者风浪较大的情况下，侧泳被认为是比较合适的游法。

(1)腿部动作

①收腿。上腿向前收，下腿向后收，注意尽量少收大腿，特别是下面的腿，大腿几乎不动。

②翻脚。收腿后，上腿时勾脚尖以脚掌向后对准水；下腿时将脚尖绷直，以脚背和小腿前面向后对准水。

③蹬剪腿。用大腿带动小腿稍向前伸，以脚掌对准前侧后加速蹬夹水；以脚背和小腿对准侧后方伸膝踢水，与上腿形成剪水的动作。

(2)臂部动作

①上臂动作。上臂经空中(或在水中接近水面)往前移至头的前方入水，入水后前伸下划高肘抱水，使手和前臂对准水，然后沿着身体屈臂加速用力向后划水至大腿外侧，其动作基本与爬泳臂划水相似。

②下臂动作。下臂在身体下部前伸抱水，屈臂划水至腹部下方，掌心向上，以小臂带动大臂，沿身体向前做边伸边外旋的动作，伸直时掌心向下。

③两臂配合动作。下臂开始划水，上臂前移；上臂开始划水时，下臂开始做前伸动作，并稍做短暂的滑行；两臂在胸前夹紧。

3. 踩水技术要领

(1)身体姿势。整个身体保持竖直于水中，身体略前倾，头部始终露出水面，下颌接近水面。

（2）腿部动作。踩水的腿部动作几乎和蛙泳腿一样，只是需要注意的是，其收蹬腿的幅度要小。收腿时，膝关节可外翻，蹬腿时膝关节向内扣压，同时小腿和脚内侧蹬夹，两腿尚未蹬直并拢即开始做第二次的收腿动作。动作熟练之后，也可进行两腿交替蹬夹水的动作技术练习。

（3）臂部动作。两臂稍弯曲，在体侧前做向外、向内的摸压水的动作，动作幅度不能太大。向外时，手掌心向外侧下，有分开水的感觉；向内时，手掌心向内侧下，有挤水的感觉。向内摸压至肩宽距离即分开。两手掌摸压水的路线呈两条平行线。

（4）臂、腿、呼吸配合。臂腿的动作配合要连贯、协调，一般是两腿做蹬夹水时，两臂向外做摸压水的动作，收腿时，则向内摸压，呼吸要跟随臂腿自然进行。蹬夹水（臂向外）时吸气；收腿（臂向内）时呼气。可以一个动作一次呼吸，也可以几个动作一次呼吸。踩水游进时，可以采用身体的不同侧向以及蹬夹和摸压的方向来改变游进的方向。

九、海上求生

随着科技的不断进步，船舶的安全性越来越高，但是海难对人们的威胁却依然存在。即使在技术发达的今天，现代化的技术设备降低了原始海难发生的频率，但是随着海上交通和海洋运动的日益频繁，被困海中或海岛的意外事件也时有发生。本部分略举海上求生方法，以帮助人们在海上作业、旅游、运动一旦遇险时，可以及时自救、互救。

(一) 落水保温应急

1. 穿着适当衣服的重要性

实践证明落水者体温下降的速度取决于以下三个条件：一是水温，落水者无法改变当时的水温；二是穿着的衣服，取决于落水者在弃船前的行动；三是自救方法，取决于落水者求生知识和技能的水平。

落水者跳水前应多穿保暖及不透水的衣服，尽管这些衣服完全湿透并紧贴在身上，且其导热性与水的导热性相差无几，但落水者身体表面与所穿的衣服之间可形成一层较暖的水包围全身，而衣服又能阻止这层暖水与周围冷海水发生热交换，因此能够大大延缓自身体温下降的速度。必须指出，即使在较温暖的海水中将衣服都脱掉也是完全错误的。

有的游泳者担心落水后衣服浸透海水会使自己行动不便，其实这种想法并不完全正确。

(1)落水者所穿衣服的纤维中存在着无数细小的空气泡，因此会产生一定的浮力。此时湿衣服在海水中反而给落水者增加了浮力。

(2)即使一段时间后，衣服中的气泡都逸散消失了，但由于所穿的衣服使落水者在水中的体积增大，因此浮力仍比不穿或少穿衣服时要大。虽然这些湿衣服会妨碍游泳，但由于各层湿衣服阻止了人体热量的散失从而使体温下降的速度减慢，导致过冷现象的危险会推迟出现，因此最好还是多穿衣服。

2. 落水者在低温水中求生自救的要点

(1)弃船入水时，落水者应多穿保暖防水的衣服，尽量将头、颈、手、脚遮掩好，袖口、裤管口腰带等要扎紧。

(2)最好外面穿救生衣。

(3)跳入冷水时，起跳高度尽量不超过 5 m，且应按正确姿态跳水，保持镇定。

(4)入水后应镇静，尽快搜寻并登上救生艇、筏或其他漂浮物以缩短浸水时间。

(5)落水者不应进行不必要的游泳。人在冷水中，可能会猛烈颤抖甚至全身感到强烈疼痛，但这仅是人体在冷水中一种本能的反应，没有死亡危险。最要紧的是在水中尽可能地保持静止不动才能有效减缓体温下降。

3. 对过冷现象遇险者的护理和处置

(1)遇险者若神志尚清醒，只要脱去全部潮湿的衣服、擦干身体、换上干衣服或裹上毛巾，并在不低于 22℃ 的环境中休息，即可逐渐恢复体温。

(2)给遇险者提供热饮料，如牛奶、热糖水等，若遇险者被救前长时间没有进食，则应先将饮料冲淡，并根据遇险者的体质及恢复情况逐渐提高牛奶和糖的供应。

(3)切忌给遇险者喝酒或含酒精的饮料，也绝不能用按摩、药物或酒精涂擦方法来促进遇险者的血液循环；此外，采用局部加温或烤火的办法也不可取。

(4)对于刚从水中救起的具有严重过冷现象的遇险者，可将其放进 40~50℃ 的热水浴盆中浸浴以使其迅速复温，浸浴时间不超过 10 min，擦干后用被子盖好保暖，如体温增加不超过 1.1℃ 时，每隔 10 min 再浸浴一次，直至体温恢复到 35℃ 为止。如果没有上述条件，至少也应使其当时的体温不再下降。

(5)若遇险者已不发抖，处于半昏迷、昏迷或假死的严重情况下，一方面应进行急救以保存性命，另一方面应等待医生指导，以进行专业护理。

(二)登岛与求生

1. 登岛的注意事项

登上陆地意味着求生者的生存概率有极大提升。但是也要注意以下几项。

（1）在岛的下风向：缓流方向选择安全登陆地点，在白天涨潮时登陆，在驶近登陆点时应派一人瞭望，边测探边前进，以保证艇、筏和人员的安全。

（2）在向岸边接近前，应将艇、筏上的物品捆牢并收好，全体人员均应穿好救生衣。

（3）到达海滩后，不可一哄而上，将艇、筏丢弃一旁不顾。可将人员分成两组，一组留守在艇、筏上，另一组登岛探明情况。应探明的情况包括：地形如何；岛上是否有居民、是否有动物（特别是会对人类造成伤害的凶猛动物）；是否有水源（淡水）；是否有植物。

（4）当探明岛上可以驻留时，应将艇、筏和上面的物资搬到岛上妥善保存，以备使用。决定在荒岛上能否驻留的首要问题就是弄清楚有无可用的淡水。

2. 在岛上待救的措施

决定驻留无人荒岛并不意味着遇难者脱险获救。此时，求生者仍应根据岛上的实际情况，坚持执行求生的基本原则，在荒岛上维持生活，等待救援。正确做法应为：做好人员保护工作，搭建好住宿设施，使其勿受风雨的侵袭；设法获得生存所需的食物和饮水；坚持24小时不间断瞭望，并随时准备好发出求救信号。

3. 饮水

要在海岛上维持生活，等待救援，首先要解决饮水问题，没有淡水，则生命就难以维持。下面就介绍荒岛上寻找水源的方法和饮用水的处理。

（1）寻找水源的方法包括：查看野兽的足迹和鸟类的方向，注意其汇集的方向有可能找到水源；树木长得比较高大和茂盛的地方，地下水往往比较丰富；青草茂盛的地方，如灯芯草、芦苇、桐树、杨柳等植物附近可能有地下水；石灰岩洞穴中可能有泉水，但在入洞时要特别注意；峡谷中多沙石处多有泉水渗出；如果水源暂时没有找到，可以从植物汁液中吸取水分，但要防止中毒，一般来说汁液有怪味的植物很可能有毒。

（2）饮用水的处理。水内含有较多的泥沙或杂质时，可用纱布或多层布做成布袋进行过滤后再进行加热。煮沸3 min以上最为保险。

4. 食物

在荒岛上仅靠剩余下来的定额分配应急食品是难以维持长时间生存的，因此，必须利用岛上的植物、鸟兽和海中的鱼虾等充饥。

捕捉鸟兽的方法和注意事项如下。

（1）在鸟兽汇集的水源处或在其必经之路上设置陷阱、捕网。

（2）在捕捉鸟兽时，要注意自身保护，免遭猎物的袭击或伤害；狩猎时应从下风向接近猎物。

（3）利用钓鱼工具进行捕鱼或捕捉海龟。海龟通常栖居在海滩和小岛上，将其翻转过来便很容易捕获。

（4）有些热带浅水鱼有毒，没有正常鱼鳞而带有刺，生有硬毛及尖刺的鱼也可能有毒。一切鸟肉和兽肉都可食用，但要保证新鲜，鸟蛋是极富营养的食品，可在巢穴中掏取。

（5）在海滩上或岩石的隐蔽处，常有贝类、蟹和龙虾。在低潮时，只要在浅滩上看到有水泡处，应能找到贝类。大多数贝类都可食用。锥形的贝类不可食用，这种贝类有毒牙，被其咬伤可能致命。

当不知道获得的动物和植物能否食用时，先进行试验，即先吃一点，等待8 h，若无腹泻症状或不舒服的感觉时，再吃少量，并再等待8 h，若仍无腹泻症状或不舒服的感觉时，就可以认为该食物没有毒。

5. 宿地

（1）荒岛上宿地的选择应考虑以下事项。

①能保护求生人员免受风吹雨打和野兽、毒蛇的侵袭。在构造形式上应根据季节、地区和气候等因素而定，注意宿地应保持干燥通风。在寒冷气候条件下，要注意避风保暖，夜间可燃起篝火取暖和避免野兽靠近。

②住宿的位置应考虑易被发现、便于行动和解决饮水与食物，尽量减少困难而节省体力。

③要便于瞭望，以便及时发现过往的船舶、飞机，并及时向他们发出易于为对方觉察和发现的呼救信号。

（2）住所的构造形式应考虑的因素包括：应考虑季节、地区、气象等因素，注意住所的干燥通风或避风保暖；住所要用树枝构成"A"形架支撑，外面要用油布、帆布或树皮、棕叶等掩盖，以防风雨侵袭；住所周围应挖掘一排水沟。

（3）可利用救生筏改成一处住所（图5-11）。

（4）睡眠宜用吊床或用干草垫高。

图5-11　救生筏

十、海洋体育展望

(一) 海洋体育运动项目发展中几个主要问题

1. 海洋体育发展在政府规划中的地位未得到更高重视

在沿海各省的发展规划中没有明确提及"海洋体育"这个概念，但是"海上运动""水上运动"等同义词汇已出现多次。这说明决策者对海洋体育与经济、民生等领域的联系、作用和意义等认识还不足。从这点来分析，"海洋体育"词语尚未进入决策者视野，说明政府缺乏认识海洋体育在海洋经济、民生休闲、教育等领域的作用和意义。

(1)开展群众性海洋体育活动，在操作上有一定困难。群众性海洋体育是海洋体育发展的主题，也是发展的一个难题，只有群众性海洋体育得到充分普及，海洋体育才能得到发展。但是，现在群众性海洋体育活动难以得到开展，究其原因有很多：其一，著名的海滩一般都是旅游风景区，划归地方政府和旅游部门统一实行商业性管理，一般的当地群众很难能自由出入这些海滩。海洋体育活动场地的使用受限制，这在一定程度上影响了群众性海洋体育的开展。

(2)现有的海洋体育项目在技术上含量不高，适合大众活动的项目相对较少。一般以渔民生产劳作项目改头换面而形成的海洋体育项目，劳作性多，趣味性少，开展活动受场地、环境、人为等因素影响大，现在的海洋体育项目主要集中在滨海体育活动内容上，每年盛夏各大海滩的游泳、海滩戏水是海洋体育的主要活动内容，这些内容项目重复率高、技术含量低，涉海空、海底、惊险、刺激的海上蹦极、潜水观光、海岛野外生存、风筝冲浪、海上蛟龙等许多新颖、刺激、时尚的海洋体育项目还没有被开发和挖掘出来。再如，弹涂船(泥马)活动，滑行要在湿地泥涂上滑行，一是活动费力，二是在滩涂湿地活动时全身容易弄脏，清洗比较麻烦，很难坚持长年练习和开展。因此，这类项目还有改造和改进的空间。

(3)海洋体育活动项目存在一定的安全隐患。在舟山海钓游客年接待量在 7 万人次左右，而符合条件的海钓经营管理机构的游客接待量仅为 3 万人次左右，其余的则是雇无证小船出海自由选位进行海钓，这些小船吨位较小，在遭遇较大海浪时，船会摇晃得很厉害，很难安全登礁。而且，这些民间小船普遍缺乏必要的救生设备，加上部分海钓者缺乏海钓知识，冒险出海存在很大的安全隐患。

(4)海洋体育项目中很多活动项目要投入大量的资金，如游艇、海钓、帆船等项目投资甚巨。以游艇为例，其购买价格从几十万元到几千万元人民币不等，大型豪华游艇价格一般都在上千万元，中型游艇在二百万元以上，小型游艇从几十万元到二百万元之间；而租赁一条限载 6 人、长 8 m 的游艇起租价近 5000 元/h，是普通的消费者难以承受的。再以海钓工具为例，一般价格在 1 万元左右。因此，没有足够的资金，群众性的海洋体育活动很难得到开展。

2. 海洋体育市场和产业小，尚没有形成规模

我国体育产业占国民经济的比重不到 0.8%，其中 75%以上的产值都是通过体育器材、体育服装、体育装备等实物型产品销售获得的，只有不到 25%是通过体育劳务和体育服务等活动型产品的销售获得的，而海洋体育在这方面的贡献率则更小。海洋体育是新兴的体育活动，且在沿海和海岛地区开展和流行，其市场在沿海和海岛地区，规模比较小，产品档次低，依赖进口器材较多，自身的研发能力和生产水平也比较低，海洋体育市场和海洋体育产业链正处于发育阶段。但海洋体育市场的引导者已经预测到海洋体育发展的未来前景，海洋体育市场正从对滨海海洋体育市场走向海洋体育市场，国内外有实力的企业纷纷在沿海和海岛地区投资，建立游艇、海钓、帆船、帆板训练基和产业基地。

3. 海洋体育教育与管理人才需要培养

在海洋体育发展中，海洋体育教育与管理人才是海洋体育发展的重要环节。海洋体育教育与管理人才是指那些传承与发展海洋体育专业人员，通过海洋体育教育使海洋体育得到推广与普及，从而使更多人掌握海洋体育技术和技能，能帮助更多人参与海洋体育活动。但目前在海洋体育教育事业中缺乏高等海洋体育院校、教育师资、教育专业，缺乏高级的海洋体育专业人才策划与管理，虽然浙江、福建、广东、海南等沿海省份都建有海上运动训练基地，但这些基地都更多地侧重于竞技性海洋体育项目，很少对社会、对大众开放。

4. 海洋经济的发展与海洋体育的冲突

海洋经济的发展，很重要一部分要仰赖于开发海洋资源，如海岛岸线资源、海域资源等资源，而海洋体育的发展需要的是一个自然的、生态的、美丽的海洋氛围，从而使人和自然、人和海洋得到和谐和统一，一旦海洋资源开发，使得自然岸线遭到破坏，特别是围海造地对海洋体育休闲渔业——海钓的近岸渔业生态资源是一个较大的破坏；海域资源的开发，使得海域环境污染的可能性大大增加，影响海洋体育活动的环境与资源。因此，海洋经济的发展有时会阻碍海洋体育运动的开展。如何解决这一矛盾还需要人们开动脑筋、科学统筹。

(二)海洋运动未来发展趋势

1. 海洋体育运动发展凸显政府规划主导地位

坚持"旅游为本，文化为魂，体育为用"的原则，创新工作机制。坚持政府主导、市场化运作的模式，积极整合体育旅游特色资源，着力培育体育旅游市场主体，加快转变景区、体育场馆等运作模式，以消费需求为导向，推动体育、旅游、文化、健康元素与体育旅游产品、产业的逐步融合，努力构建体育旅游融合式发展经济体系。

2. 拓展海洋体育产业和规模

(1)扶持开发海洋体育品牌赛事。以滨海运动休闲和体育赛事为先导，带动海洋体育用品制造业、体育中介业等业态的联动发展。在广泛开展群众喜闻乐见的体育健身休闲项目的基础上，积极稳妥开展新兴的海洋户外拓展项目，加强对渔民传统体育项目的市场开发，引导海洋体育品牌赛事的有序发展，积极引进国际知名的帆船帆板赛事，努力打造有影响、有特色的帆船、帆板品牌赛事、国际海钓大赛和国际海岛野外生存户外拓展挑战大赛。

(2)培育建设海洋体育产业基地。以体育产业结构转型升级为导向，合理规划海洋体育产业基地的建设布局，协调不同项目、不同类型、不同区域、不同领域的海洋体育产业基地发展。鼓励和指导各地、各企业、各俱乐部、各体育协会做好各类海洋体育项目基地的创建工作，根据《国家体育产业基地管理办法》，明确国家和省级体育产业基地的创建标准、认定条件和程序，加强对海洋体育产业基地的扶持、管理和考核。

(3)整合开发滨海运动旅游产品。充分发挥体育产业的综合效应和拉动作用，以滨海运动休闲、海洋体育用品会展为重点，推动体育产业与相关产业的复合经营，推出一批精品体育旅游线路和以体育为主题的旅游线路，形成具有国际影响力的滨海运动休闲产品。积极探索政府资源与企业资源，省级资源和地方资源的整合途径，促进滨海运动休闲产品营销的高效联动，促进省、市、县三级的有机整合。

3. 将体育旅游人才队伍建设纳入沿海各省人才发展规划

加强体育旅游领军、创意、经营管理、服务等人才队伍建设。鼓励沿海高等院校与国内外知名体育旅游院校、体育旅游企业合作，开展体育旅游产教融合等试点示范工程，培养创新型、应用型、复合型人才。实施开放的人才引进政策，大力吸引海外从事水上运动、沙滩运动等与国际旅游消费中心建设相适应的各类优秀专业人才。持续吸纳国内外高等院校、科研机构、体育旅游企业等行业精英，进一步完善沿海城市体育旅游专家智库。探索建立与国际接轨的全球体育旅游人才招聘制度和管理制度。提高国外高端体育旅游人才落户我国沿海城市审批效率，制定并完善就业、生活、住房、子女教育等人才服务和保障政策。

　　顺应时代发展要求，注重对相关行政部门的知识更新和业务培训，促使体育旅游企业培训常态化。探索建立适合沿海省（市）乃至全国体育专业技能培训和认证系统，优化体育旅游专业人员的结构和数量。

　　4. 生态建设和海洋体育品牌建设协同发展

　　一是大力发展海钓运动，使其成为海洋体育的特色项目，加强地区互动，全力打造国际海钓大赛；二是推进浙江、江苏等地沿海帆船、帆板运动的发展，连接海南和青岛帆船帆板大赛，使其成为青岛和海南帆船、帆板赛的中继站；三是全力发展滨海浴场，并以沙滩排球、沙滩足球等滩涂运动项目作为配套项目发展；四是适度发展游艇项目，全面带动高端运动休闲产品的升级换代；五是适度发展滩涂、湿地和盐碱地的高尔夫运动，在保护环境的前提下推进高尔夫球和旅游项目的结合；六是大力推进海岛野外生存拓展运动、海岛自驾车和房车露营基地，使其成为海岛定向运动、探险运动的国家级户外运动基地，并全面推进汽车自驾旅游；七是开发铁人三项运动赛事，结合当地各种文化节庆活动推进项目的发展；八是开展环岛（跨海大桥）自行车和马拉松大赛，使其成为全国自行车的品牌赛事；九是开发海上航空运动项目，首先可选择航模、滑翔、动力伞等项目，在条件成熟后逐渐推进热气球、跳伞等项目；十是创造条件，适度发展潜水运动、冲浪运动，使其成为人们探索海底世界的乐园。

参考文献

埃文斯，曼利，史密斯，2010. 帆船运动百科[M]. 张笑，冯聪，张一，译. 青岛：青岛出版社.

陈向国，2019. 我国风光产业将持续"风光"[J]. 节能与环保(08)：22-23.

丁硕重，2016. 海洋旅游学[M]. 李承子，林瑛，黄林花，等，译. 上海：上海译文出版社.

方舒君，张同宽，2014. 我国海洋体育发展的现状与战略对策研究[J]. 浙江体育科学(4)：12-17.

《"海洋梦"系列丛书》编委会，2015. 四海鼎沸：海洋灾害[M]. 合肥：合肥工业大学出版社.

侯伟芬，王飞，2008. 浅谈海洋灾害[M]. 北京：海洋出版社.

黄少辉，2011. 中国海洋旅游产业[M]. 广州：广东经济出版社.

李若鹏，2016. 海上求生技能[M]. 青岛：中国海洋大学出版社.

李树军，梁开龙，冯婧，2012. 风云海洋：变幻莫测的海洋水文与气象[M]. 北京：海潮出版社.

刘洪滨，2018. 中国海洋经济发展现状与前景研究[M]. 广州：广东经济出版社.

马赤克，1988. 海上救生[M]. 吕文超，译. 北京：海洋出版社.

马科多，2016. 冲浪运动从入门到精通[M]. 李怡，译. 北京：人民邮电出版社.

任定猛，张旭，2018. 五人制足球与沙滩足球[M]. 北京：北京体育大学出版社.

彭垣，2002. 海洋水文[M]. 北京：中国少年儿童出版社.

唐志拔，2008. 海船发展史话[M]. 哈尔滨：哈尔滨工程大学出版社.

王坚红，胡恒，刘刚，等，2017. 国内外海洋气象组织及其现状简介[J]. 气象科技进展，7(04)：
    66-70+80.

王少臣，王萌，刘红伟，2017. 钓鱼实战宝典：常见鱼种、钓法、装备及技巧[M]. 北京：人民邮电
    出版社.

张媛，2010. 海洋气象知多少[M]. 北京：中国时代经济出版社.

赵青，2009. 沙滩排球[M]. 北京：北京体育大学出版社.

朱坚真，2016. 海洋经济学 [M]. 2 版. 北京：高等教育出版社.

后　记

　　本丛书从设计到完成编写经历了四年多的时间，终于顺利出版了，倍感欣慰且富有成就感。

　　组织这套丛书的初衷就是把多年来教师在学校里开展的色彩缤纷、丰富多样但又稍显杂乱无序的个体化的海洋教学实践，进行提炼、提升和推广，使之更科学、更有效地为海洋教育服务。同时，希望把海洋教育从传统海洋知识教育向实践体验转变；从被动学习向主动研究性学习转变；从单一的关于海洋的认知向海洋审美、海洋艺术和海洋体育等方面拓展。现在这些目标已经基本实现。

　　本丛书在编写过程中，编写者也不断成长，也有不少收获。包括本丛书编者张英、李红雁老师在内的沈家门小学海洋教育教师团队荣获"2017年度中国海洋人物"荣誉称号；沈家门小学承担的"多通道选择性实施海纳校本课程的实践探索"和普陀区教育局承担的"区域推进现代海洋教育的实践研究"分别获得2016年度浙江省基础教育教学成果一、二等奖；多篇论文在核心和学术期刊发表；多位编者承担了市级以上的海洋教育公开课。编写团队还收到多家学校和教育机构的邀请，进行学术和教学交流。两位参编作者被聘为中国太平洋学会海洋科普与传播专业委员会智库专家。

　　现在看来，这套丛书和以参编作者为代表的一线海洋教育者们是一起成长的。这套丛书的出版只是一个阶段性成果，我们不会就此止步。为了使海洋教育形成规模、形成系统，我们还要克服困难、砥砺前行。

　　我们的信念是：做好海洋教育，是普陀教育人的梦想和孜孜不倦的追求。

编写组

2020年10月